动态表情设计实战

刘春雷 / 著

人 民 邮 电 出 版 社
北 京

图书在版编目（CIP）数据

动态表情设计实战 / 刘春雷著. -- 北京 : 人民邮电出版社, 2022.8
ISBN 978-7-115-58937-8

Ⅰ. ①动… Ⅱ. ①刘… Ⅲ. ①图像处理软件 Ⅳ. ①TP391.413

中国版本图书馆CIP数据核字(2022)第046622号

◆ 著　　　刘春雷
责任编辑　赵　轩
责任印制　陈　犇

◆ 人民邮电出版社出版发行　北京市丰台区成寿寺路 11 号
邮编　100164　电子邮件　315@ptpress.com.cn
网址　https://www.ptpress.com.cn
临西县阅读时光印刷有限公司印刷

◆ 开本：787×1092　1/16
印张：11　　2022 年 8 月第 1 版
字数：279 千字　　2022 年 8 月河北第 1 次印刷

定价：69.80 元

读者服务热线：(010)81055410　印装质量热线：(010)81055316
反盗版热线：(010)81055315
广告经营许可证：京东市监广登字 20170147 号

前言

在信息化时代，以数字网络技术为基础的各种新媒体以强势的姿态快速融入经济发展和社会生活的众多方面。网络媒体、手机媒体、感应式媒体等新媒体形式在过去几年发展迅猛、令人瞩目。同时，新媒体的崛起为网络视觉元素创意和视觉表现开拓了新的平台，为各类信息的传播提供了新的模式。“表情包”作为传统网络表情符号的变体，俨然已经成为信息社会的一种新的表达方式和文化现象。今天，表情包不仅在社交工具中有不可割舍的功能，在即时通信领域也具有不可替代的作用。发送一个表情包来代表某种特定含义，明显要比打字回复更加便捷，也更加生动、有趣。作为一种可视化语言，表情包已经成为人们交流的媒介，形成了特定的文化。在形式上进行可视化表达具有“化腐朽为神奇”的效果。如今，聊天打字已不能满足人们日常网络交流的需求，人们开始利用大量的表情包来充分展示自己的个性、表达自己的感情。现在，QQ、微信已成为人们日常生活的一部分，QQ、微信表情包极大地丰富了媒体的视觉表现形态。如今，随着计算机和手机硬件、软件的快速发展与完善，人们迎来了技术大众化、平民化的自媒体大狂欢时代。

本书为各类读者提供了翔实的表情包制作的学习和参考资料。本书首先介绍了网络表情的演变和分类，进而分析了信息化时代动态表情包设计与视觉静态设计、影视动态艺术之间的关系，随后分析了动态表情包设计的特征，最后通过大量具体而翔实的实际案例，讲解了动态表情包的制作流程和步骤。

本书在编写过程中难免存在错漏之处，希望广大读者批评指正。如果读者在阅读本书的过程中有任何建议，都可以发送电子邮件至zhaoxuan@ptpress.com.cn联系我们。

刘春雷

2022年6月

目 录

目 录

目　录

第1章 表情包到底是什么

表情包在近几年非常流行，很多人在聊天的过程中会使用表情包辅助沟通。本章将从表情包的简介讲起，带领大家认识表情包，了解表情包的演变及分类、营利模式和潜在营销模式。

表情包属于一种流行文化，带有自我宣泄、释放、满足、调侃、娱乐的特点，如图 1-1 所示。大众在分享、复制、传播表情包的过程中，满足了自身对沟通手段多样化的心理需求。表情包使用便利，可以帮助发送方很好地表达出特定的心情，也能让接收方及时感受到对方的情感。更重要的是，表情包还能使交流的双方感情升温。比如：在爸爸妈妈生日的时候除了献上祝福外，一颗爱心也能表达出对父母的爱与感恩；听了朋友讲的笑话，“笑抽”这个表情立刻就能表现出自己开心的心情；尴尬的时候，发一个翻白眼或是害羞的表情则可以缓和一下气氛。

图 1-1

表情包指网络表情系列图像的总和，是语言和非语言符号组合而成的图形符号，它是使用图形、图像、符号和文字等来传情达意的网络“方言”，如图 1-2 所示。表情包是将字符、图形等元素组合起来，模拟表情、体态、动作，以在网络交流中表达感情和情绪的视觉性符号。图像配以文字，是网络表情常用的形式，它伴随着网络技术的革新而不断演变。

图 1-2

从表情包短暂的发展历史可以看出，表情包源自QQ、微信、百度贴吧、微博等社交App，并在此基础之上形成了一种流行文化，具有流行文化的标准特质。

- 该文化具有极高的成员参与度。
- 该文化体现了当下人们的价值取向与社会喜好。
- 该文化借助新兴媒体得以快速、广泛传播。
- 该文化具有可以转化为经济收益的价值。

1.1 网络表情的演变及分类

在定义表情包之前，有必要先了解一下在表情包出现之前，网络表情的演变及分类，因为表情包与其他网络表情形式存在继承关系，且它们的特点与意义有相同之处。

1.1.1 字符式网络表情

很早之前，人们通过将美国信息交换标准码（ASCII）中的字符组合形成左旋90°的表情抽象图形，以表达比较简单的情绪，如：-)表示微笑，XD表示大笑。这样的表情也被称为ASCII艺术。

随着这种字符式网络表情在世界范围内的推广，日本兴起了另一种多行字符拟图式表情——“颜文字”。颜文字是由以日语为主的多种语言中的字符组合形成的横排抽象表情的拟图。由于兼容了更多语言符号的编码，颜文字的组成元素非常丰富，形式也更为多样，如表示开心可以是简单的（￣︶￣），也可以是复杂的o(*≧▽≦)ツ，这样的表情也被称为日本工业标准（JIS）编码艺术。它衍生出了韩国的字符式表情。在形式上，韩国的字符式表情和日本的颜文字类似，都是横排字符拟图，区别在于韩语中的部分字符比日语字符更接近面部表情，可直接充当五官，如^ ^、' '。除此之外，在中国也形成了一些以汉字为基础的字符式表情，这类字符因为字形本身类似于某些表情，所以在网络环境中被二次定义。比如“冏”，本意为光明，但因其看起来像一张悲伤的脸，所以现在网络上衍生出了“囧”字且一般被用来表达沮丧、尴尬等情绪。当然，随着网络表情符号的不断发展，以上几种形式并非各自独立，而是已经出现了融合与混杂，并且在不断出新。比如，o(╯□╰)o就是通过颜文字的形式来表示“囧”。

1.1.2 图标式网络表情

在字符式网络表情广泛运用的同时，不少社交通信工具开始加入一些自带表情以满足用户的需要。这类表情是图标式网络表情，以面部的各种表情及简单物品的彩色卡通图标为主，如☺表示微笑。此类图标在某些自媒体工具上会呈现出简单的动态效果。图1-3所示的是emoji图标式网络表情。

图片本身就具有比文字形象的特点。交谈的用户之间你来我往地发送搞笑或贴近自己心境的表情，有时会缓解交谈的尴尬，表明自己的个性，从而拉进彼此的距离。在这个所谓感情疏远的社会里，图标式网络表情可以对人与人之间情感的交流起到一定程度的促进作用。

图 1-3

1.1.3 经典卡通角色表情包

动漫、卡通人物的特点之一就是表情丰富又夸张，而夸张的又是表情包经常运用的表现手法。因此，动漫、卡通人物丰富又夸张的表情往往可以直截了当地烘托出特定的氛围，更多的时候则能够狠狠地戳中我们的笑点，让我们笑得前仰后合。

1.1.4 计算机3D效果表情包

3D是Three-Dimensional的缩写。在计算机里显示3D图像，就是在平面显示虚拟的三维图像。现实世界中的三维空间，有真实的距离，而计算机里的空间只是看起来很像真实世界。计算机屏幕是二维的，我们之所以能欣赏到如实物般真实的三维图像，是因为图像显示在计算机屏幕上时，其色彩灰度的不同使人眼产生了错觉，从而让我们将计算机屏幕中的图像感知为三维图像。利用计算机3D软件及技术制作的表情包具有强烈的科技感和时代感，也更加真实、立体。但是，计算机3D效果表情包的制作周期较长，制作成本较高。图1-4所示的是一组3D效果表情包。

图 1-4

1.1.5 真人合成表情包

真人合成表情包是通过Photoshop（以下简称PS）等软件的抠图和照片合成功能制作的利用真人照片合成处理的表情包图像。真人合成表情包始于利用明星、名人头像合成的各种搞怪、搞笑的表情包图像。随着科技的进步及手机修图软件功能的不断完善，以往照片合成的技术壁垒已经被打破，越来越多的年轻人利用手机拍照，然后对图像进行抠图、合成处理，从而制作出大量具有个性的真人合成表情包，这一过程十分有趣。由此，真人合成表情包的主角已经不再只是明星和名人了，而是逐渐转向了大众，以供大众自我欣赏和自我娱乐。

1.2 表情包由静态向动态过渡

随着微博和微信的广泛使用，Web开始由2.0向3.0时代过渡，搞笑、自嘲、质疑成为新媒体时代表达的“潮流”，大量短小精悍、言简意赅、碎片化的信息充斥着网络空间。表情包这种原本带有亚文化属性的网络产品逐渐进入主流文化，成为大众酷爱使用的交流工具，能用表情包表达的人们一般就不用文字表述。在亿万大众的创造力和想象力的作用下，一大批动态表情包源源不断地产出。今天，大众在网络聊天时使用大量动态表情包，已经成为网络传播的新常态。动态表情包与传统的字符式网络表情和图标式网络表情相比，更能够生动地反映大众的心理特征，满足网络交往需求，其所具备的视觉特点也更易于抒发大众的情感。基于此，我们可以尝试将动态表情包的话语体系分为内容（Content）层、功能（Function）层、环境（Environment）层和交互（Interaction）层4个层面，并将其简称为CFEI传播模型，如图1-5所示。

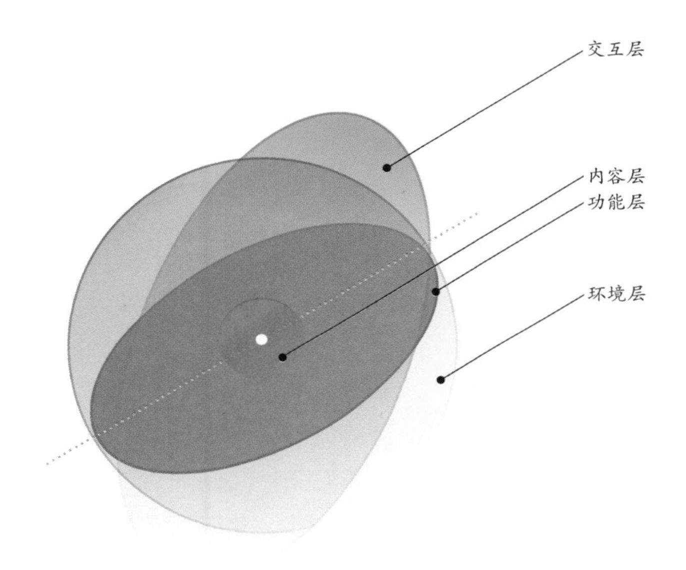

图1-5

通过研究可以发现：CFEI-C（内容层）是表情包话语体系的核心，承载着用户话语表达的愿景；CFEI-F（功能层）是表情包话语体系的技术支撑，承载着用户的愿景；CFEI-E（环境层）是对表情包的外部评价，主要是来自网民群体内部的评价。CFEI-I（交互层）是用户对表情包的主观感受和使用体验，是用来连接用户与表情包，增加用户对表情包的好感度、黏度、舒适度的软性指标。

我们要以开放的心态拥抱动态表情包时代，并积极发挥其正面作用。

1.3 表情包的传播特点

随着社会发展速度的加快，人们对文化多样性的要求越来越高，不同的人喜好也各不相同，表情包文化正是在这样的社会环境下为了满足人们的需求而兴起的。表情包作为一种流行文化，满足了公众的多元文化诉求和审美取向，成为非主流群体、网络公众群体身份认同的重要途径，也是公众表达自己对社会的诉求的一种方式。当下，传播进入移动化、社交化阶段，表情包成为人们传情达意的一种重要社交工具。作为网络信息传播的重要手段，表情包具有以下传播特点。

1.3.1 快捷传播

表情包是一种符号，这一点毋庸置疑。表情包之所以被创立，就是因为它作为一种符号，可以代替某种特定的含义。在某些特定的时空条件下、故事情景中，表情包的意境甚至远远超越文字表达，更为深远和悠长，此时运用表情包所取得的效果比单纯用文字好得多。表情包的符号形式短小精悍，搭载的社交平台互通互联，使得随时随地、一键传播表情包成为可能。此外，表情包的生产周期较短，复制成本较低，复制效率较高，这提高了其传播的快捷性。表情包是最适合分享的一种符号形式，通过大量转发、分享，它能瞬间成为人们共同关注的焦点，引爆社交网络。

1.3.2 复合传播

表情包按构成元素可分为纯符号与符号配文字两种，按呈现形式可分为动图与静图两类。纯符号的表情包因为其一个表情可以有若干个意思，所以传播张力强、阐释空间大。符号配文字的表情包，文字的加入使其表达的意思更为精准，所以文字让表情更有内涵，符号让表情更加传神。符号配文字的表情包，又比单纯的文字更有视觉表现力与感染力。比如“要红包”“表达爱意”等表情包，亦庄亦谐、张弛有度，在轻松幽默的氛围中传情达意。

1.3.3 形象传播

表情包是人们在社交网络中创造的、丰富且独特的符号系统，它要满足大众的多元审美需求，因此有着多元的表达方式，可供不同的人用作形象表征。表情包这一视觉表达形态更能体现交流者的内心状态，每个表情都是一次身份的代入，它可以透露一个人的偏好、状态与理想的自我形象建模，以及对他人的形象期待等。比如，有的男性喜欢用“小女孩撒娇”的表情包，有的年轻女性则往往选择“威武有力”的表情包；有的人喜欢用输入法自带的简洁表情包，有的人则喜欢用他人分享的表情包；有的人担心符号存在歧义，因而偏好使用带文字的表情包，有的人偏好模糊、暧昧，因而喜欢使用纯符号的表情包。不同的表情包能传达出娇嗔、喜欢、无奈等不同的情绪并起到连接对话、启动讨论、结束对话等作用。

1.3.4“互联网+”思维，追求多元传播方式

表情包之所以抓人眼球、传播甚广，主要原因在于其赏心悦目、一目了然的表达方式。带有丰富视觉信息的图片、动态效果等往往能将人们希望表达和传递的信息更加灵活、生动、高效地呈现出来，让观看者在轻松幽默的氛围中理解对方所要传播的信息。当前，新媒体的发展极大地丰富了传播内容的表达方式，实现了文字、图片、图表、动漫、音频、视频等的有机融合，从视觉、听觉、触觉等方面生动地演绎了媒介信息。

随着科技的发展，以及社交媒体的普及，社会逐渐由文字时代进入读图时代，表情包应运而生。网络世界形成了独特的文化，表情包成为重要的载体，在填补“交流暗示缺失”的同时，它还会带来不同年龄段之间的社交传播障碍等问题。表情包的走红，在于其满足了广大用户的需求，在于其实现了点对点的精准传播，在于其强大的“黏性”。表情包作为强关系应用的代表，尤其是在“得用户者得天下”的时代，可谓是生逢其时。

1.4 表情包营利模式分类

2020年第3季度，我国微信月活跃用户数已经达到12.12亿，QQ月活跃用户数为6.17亿。用户登录QQ、微信成为日常生活的一部分。如今，打字聊天已不能满足人们的日常交流需求，于是表情包出现了，并流行于网络交流之中，人们大量使用表情包来充分展示自己的个性、表达自己的感情。除了微信、QQ自带的表情包外，一些真人明星也参与了表情包的制作，几乎全民都在使用表情包。可见，近几年表情包很受网民欢迎，其热度也是有增无减。表情包营利模式分为以下几类。

1.4.1 下载付费模式

表情包企业最为常见与直接的营利模式为下载付费模式，即向下载使用表情包的用户收取费用。其具体的收费模式有多种，如按下载表情包的数量收费、按表情包的使用时间收费、会员制收费等。一般来说，能够通过此方法进行营利的表情包企业主要是有巨大客户流量的通信软件的表情包自营团队，比如App Store、微信等，或与之合作的表情包制作者。

1.4.2 比例分成模式

这一营利模式是指表情包制作者将开发的一系列表情包销售给运营社交网络平台的相关企业，并收取费用。其具体的方式有一次性销售版权，如曾经卖给摩托罗拉公司的兔斯基系列；或通过社交平台对外推广，获取的利润由制作者和平台按一定比例分成，如目前微信推出的表情包打赏功能。

1.4.3 知识产权合作模式

知识产权（Intellectual Property，IP）合作模式，即企业将自身开发的知名表情包的IP使用权授予相关厂商，并与其共同开发衍生产品，如玩具、文具、配饰、生活用品甚至游戏或动漫电影等。这一模式主要被已经广泛传播和认可的表情包的版权所有者所采纳和利用，如LINE的“LINE GAMES”游戏网站和《LINE OFFLINE上班族》动画片等。

1.5 表情包潜入式营销模式

表情包延伸了人的情感，它的表达方式比文字更易于使用户产生共鸣。自互联网诞生以来，它就被用于交流；而随着制图软件的发展，表情图像的制作技术逐渐普及，它的使用也愈发广泛。表情包本身是符号，具有符号的能指与所指。在不同语境下，表情包的能指和所指之间的关系往往不确定，可以从多角度进行解读，这一特性使其方便搭载需要营销的产品，并创造开阔的阐释空间与强劲的传播张力。如今，表情包结合当下热点事件、当红明星、网络流行语等元素进行创作，这种紧密切合热点的做法可满足用户对潮流的追求。移动社交网络平台不仅有富含流行元素、为年轻人量身定制的表情包，还有各式各样符合中老年人审美的表情包，各种金光闪闪、五颜六色且带着正能量的文字一度成为中老年网友青睐的内容。由此可见，表情包满足了网友的多样化需求。在这一阶段，专业化表情包制作团队迅猛发展，表情包也逐渐成为一项新兴的文化产业。

1.5.1 迎合热点

表情包方便搭载各类热点事件、节庆时刻进行顺势营销。当下，不少企业和品牌从自身行业与特点出发，推出了各自的表情包，借助表情包传递企业理念及产品信息，同时还善于用热点事件进行顺势营销，如“洪荒之力”“元宵包”“春节包”等。对于大多数篮球迷而言，科比退役是一个非常重要的热点事件，耐克公司借机设计了一组科比的动态漫画表情包，并配上诙谐有趣的文字，受到网友的热烈追捧。网友在使用表情包的同时，也提升了对耐克品牌的认同度。

1.5.2 明星效应

表情包还便于各类明星进行自我营销。明星将影视剧的热度延伸到表情包这个符号系统中，让使用影视剧表情包变成一种时尚。

1.5.3 翻新式营销

表情包被用在对各种“旧事旧情”的无厘头翻新营销上，这与表情包作为流行文化的特质相关。流行文化本身降低了人们对标准的统一刻度，没有一定之规。

表情包是人们利用社交网络平台构造出来的用以维持和证实自身存在的各种意象与偏好的符号系统。人们利用表情包这种复杂与多元的符号系统展开的社交活动，构成了当下大众传播的新图景。

第2章　动态表情包设计

动态是人类视觉能够感受到的最强烈的一种形式。如果说图片表情的形式基础是建立在二维观念上的，那么动态表情的形式基础则是建立在四维观念上的。在传统媒体条件下，用户对信息的接收是单向的；在新媒体条件下的动态化设计中，用户对信息的接收则是互动的、双向交流的，用户是参与到传播中的，有时甚至带有游戏的性质。动态表情包通过形象的不断运动与变化，充分展现了形象发展的多种可能性，避免了单调与重复，从而产生生动活泼的视觉效果。

动态表情包设计主要以动态图形、图像为设计元素，具有鲜明的时代特征和科技性，更利于信息的传播，动态化的信息让设计内容更易于理解和记忆。罗杰·菲德勒在《媒介形态变化：认识新媒介》一书中指出："一切形式的传播媒介都在一个不断扩大的、复杂的自适应系统内共同相处和共同演进。"动态表情包设计借鉴了影视艺术的视听语言设计，两者在外观上都采用了动态图像的表现方式，但前者更注重传播性。从传播的角度高度重视动态表情包设计，这是表情包设计的核心。

2.1 动态设计简述

动态设计，顾名思义是对处于运动状态的物体进行合理的设计，以使其可以发挥最大的作用。这里涉及的物体既可以是肉眼可以看到的实际存在的、可触碰到的物体，也可以是虚拟现实中的数据化的物体。动态设计是相对于静态设计而言的，在理论上要比静态设计复杂。动态设计既要考虑视觉上的审美需求，又要遵循动力学、引力学等科学依据。

在艺术及设计创作领域，动态设计的难度要远远高于静态设计。动态设计需要艺术家对全局具有极强的宏观把控能力，既要把控好每个单元帧的视觉特效，又要保证每个视觉单元能很好地在整个艺术作品的主题思想下布局，遵循局部服从整体的原则。

动态设计师是一个极具宏观意识的工种，所涉猎的学科也极为宽泛。虽然在动态设计的过程中，动态设计师可以把每一个制作环节交给组长来帮助实现，但其本身要有能力控制整个动态设计过程的基调。概括来讲，优秀的动态设计作品要具备以下几个特点。

2.1.1 整体性

整体性包括主题和结构上的整体性，以及视觉语言上的整体性。主题和结构上的整体性需要艺术家具备极强的宏观把控能力。视觉语言上的整体性包括色彩上的整体性、图形上的整体性、动作上的整体性。

色彩上的整体性，要根据整个作品的基调来布局，根据作品的意图来安排冷调或者暖调，纯色或者灰色，高明度或者低明度。图形上的整体性要考虑用户的视觉接受能力，判定某种图形的出现能否起到引导用户提高审美的作用。动作上的整体性主要考虑动作的流畅性和准确性。动作的布局要注意节奏，这里的布局主要是指动作幅度的大小、角度的大小。好的动作布局能带给用户一种意想不到的视觉效果。

2.1.2 节奏性

动态设计上的整体性能使用户获得一次和谐的视觉体验，但是只有统一、没有动态变化的作品又显得平淡，因此要在大统一的背景下加入一些变化。比如，在色彩上让冷色透着些暖色，在纯色里面加入些灰色，在明度上由黑过渡到白，在曲线里面透着些直线，在运动中加些静止的物体等。

2.1.3 具备积极的视觉引导

一个好的动态设计作品，要能使用户从平凡的艺术设计中体会到设计师的精神所在，能够积极地引导用户主动融入作品当中，并从中得到精神上的升华。无论是商业设计作品还是公益设计作品，都要服务于大众，在表达作品意义的同时，还要考虑到能否给用户带来审美上的享受。随着互联网科技的发展、交互式媒体和互动媒介终端的更新换代以及 VR 技术的成熟，未来的日常生活将对动态设计提出更高的设计要求。

2.2 动态表情包设计的本质要求

动态表情包作为互联网数字产品中一个新兴的产品种类，渐渐被用户所接受，尤其受到年轻一代的青睐。动态表情包设计的本质是传递信息，它是设计师用来与用户沟通以提升用户体验的有效手段，是为了展示动画表情效果而设计的动态效果。

2.2.1 播放流畅

人们将每秒播放超过24帧的连续静态画面识别为动态画面，这是电影和动画得以实现的基础。因为画面中的动画需要硬件的实时渲染，所以在设计动态画面时，保证其可以被目标硬件以大于每秒24帧的速率流畅播放变得很重要。如果动态效果过于复杂以至于无法达到这个标准，则应该考虑动画难度低一些的设计方案。

2.2.2 引起关注

早期表情包的设计风格和动态方式相对单一，比较常见的方式是依靠2~3帧的平移动画来吸引用户的视觉关注。今天，在人们使用手机或计算机发送表情包时，独特的表情包设计会给用户提供良好的反馈信息。在不同的情境下，这些反馈信息的内容、形式以及重要程度也会有所不同。而这些反馈信息有一个共同的需求，就是吸引表情包接收方的注意力，让用户意识到自己所发送的表情包产生了一些独特的效果。图2-1所示的是一套可爱型表情包。

图2-1

2.2.3 传递产品的特定性格、气质

用户在开始使用一款表情包产品时，可以通过体验产品的细节来感受产品创作者的趣味。创作者在设计表情包产品时，也可以通过细节上的设计来试图引起自己的目标用户的共鸣。例如，在突出低龄人群性

格特点的设计中，图形占据了主导地位，色彩上也偏向于使用大量的纯色，如图2-2所示的儿童可爱型性格表情包；在突出沉稳或严肃的性格时，则需要注意采用严谨的图形，色彩上也偏向于使用单一且纯度较低的颜色。细节上的设计既可以是内容容量上的图文配比、视觉设计上的色彩倾向，也可以是动作设计上的轻重缓急。

图2-2

同样的一个动态表情，通过不同的时间-位置曲线可以营造出完全不同的动态气氛。用户会因为动态设计的不同而体会到一个很优雅的设计，或是一个幽默的设计，又或者是一个严肃却高效的设计。动态设计可以把很多能影响用户情绪的设计元素放到不同性格的表情包当中。图2-3所示的是男性简约型性格表情包。

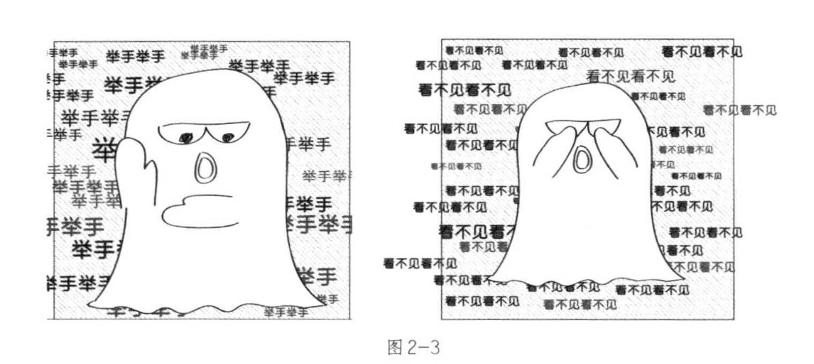

图2-3

2.2.4 讲述语境

因为动画的存在基础是时间上的两个点，所以动态设计将两个时间点上的操作进行了连接。动态设计在界面的认知上给用户提供了丰富的上下文语境，展示了元素之间的关联性；它还通过表情包产品为用户构建了一个完整的心理状态表达模型，它就像一幅地图，在用户使用表情包的过程中可以明确表达用户当前的心理语境，解决用户关于从哪里来、到哪里去的诉求问题，如图2-4所示。

图2-4

2.3 动态表情包的空间参数

从技术角度来讲，动态表情包是指一个物体在不同时间点上的两个不同存在状态之间的过渡。构成物体存在状态的元素，总结下来有以下几个基本参数。我们能见到的所有动态表情包，将其拆分后，都是这些参数在不同时间点上的变化组合。

2.3.1 位移

物体存在于三维空间中的位置，由基本的x轴、y轴、z轴的数值决定。屏幕中心被默认为原点，x轴、y轴、z轴的数值分别是指基于原点在横向、竖向和垂直于屏幕的纵深方向上的位置参数。基于两个时间点上x轴、y轴、z轴的数值上的变化，就形成了位移动画。

2.3.2 缩放

存在于空间中的物体的体积，由缩放的数值决定。这个参数一般以百分比的形式呈现，默认数值为100%。当参数大于100%时为放大，小于100%时为缩小。基于两个时间点上不同百分比的变化，就形成了缩放动画，如图2-5所示。

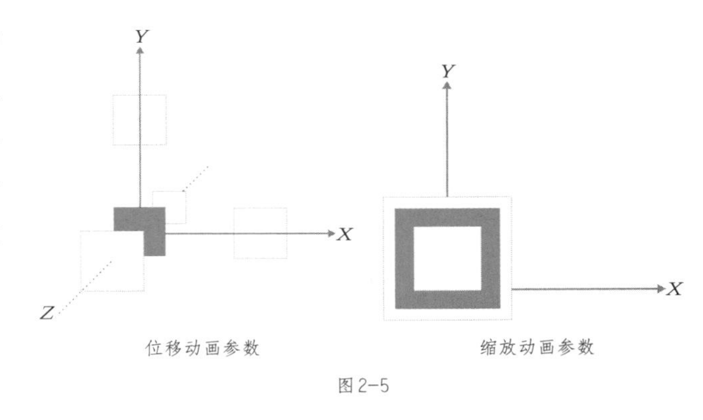

图2-5

2.3.3 旋转

存在于空间中的物体的方向，由旋转的数值决定。这个参数一般以角度（0°～±360°）的形式呈现，默认数值为0°，其中正数为顺时针旋转，负数为逆时针旋转。x轴、y轴、z轴分别为物体沿着旋转的轴线，基于不同的轴线旋转，动画的透视效果不同。基于两个时间点上不同轴线上物体的角度变化，就形成了旋转动画。图2-6所示的是基于x轴、y轴、z轴旋转的动画效果。

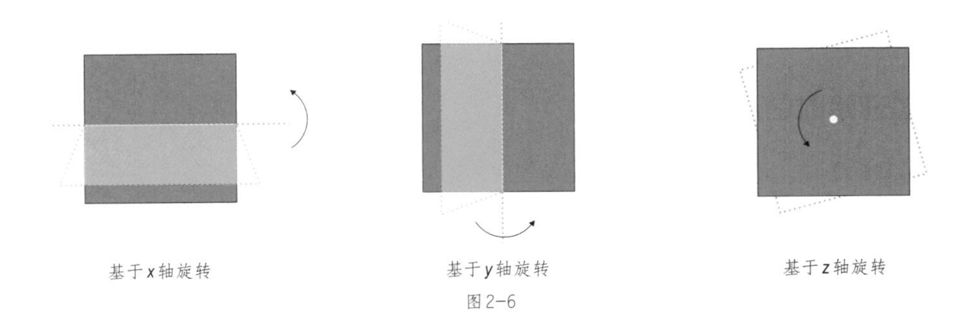

图2-6

2.3.4 透明度

存在于空间中的物体的透明程度，由透明度的数值决定。这个参数与缩放的数值一样，一般以百分比的形式呈现，默认数值为100%。基于两个时间点上不同百分比的透明度的变化，就形成透明度动画，如图2-7所示。

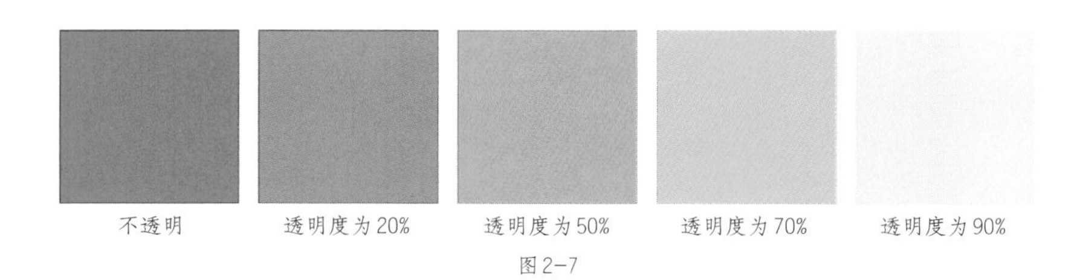

图2-7

2.4 空间与时间的节奏关系

表情包中各元素空间参数的不同组合，可以带给人们不同的时空视觉体验。而只有加入了时间的设计，这些视觉元素才可以运动起来并形成动画。空间变化与时间节奏是动态表情包最基本的构成，即使空间上的参数变化相同，时间节奏的不同也可以让动态表情包带给人们大不相同的观看感受。

在用户所熟悉的生活环境中，多数运动是变化的。由于阻力的存在，物体在空间上的移动和时间的移动（即时间的流逝）往往并不同步。在运动初期，物体在单位时间内空间上的位移变量逐渐增大，形成加速；在运动的结束阶段，物体在单位时间内空间上的位移变量逐渐减小，形成减速运动。而这些不同的变量，在时间和空间构成的象限中形成了不同的运动曲线，如图2-8所示。恰当地运用不同的运动曲线，可以在软件界面中生动地模拟用户所熟悉的生活中的运动场景。

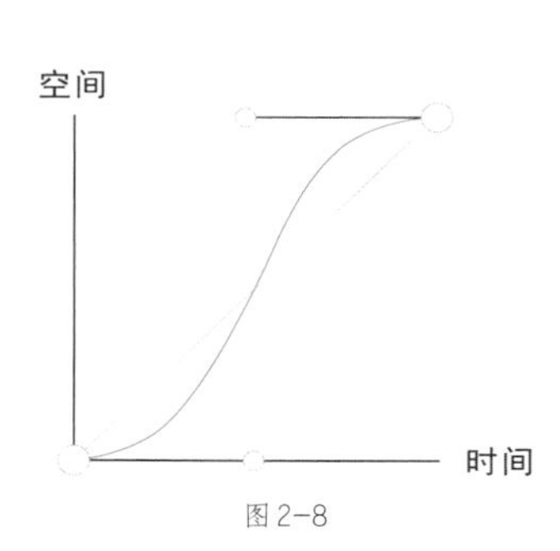

图2-8

2.4.1 匀速运动

日常生活中的匀速运动大多出现在人造的机械装置中，比如一条传送带上的箱子做的就是匀速运动。在开始运动时箱子的速度就已经达到峰值，并以这一速度匀速地运动下去，直至瞬间停止。若体现在时间和空间所构成的象限中，则可以看到匀速运动的轨迹是一条直线，所以我们也将其称为线性匀速运动。

2.4.2 运动开始时的逐渐加速

当物体开始运动时，速度由0随着时间逐渐加快，这个过程比较像一辆汽车的起步过程。如果将匀速运动加入汽车的起步过程，那么会让人有一种汽车受外力撞击而突然加速的感觉。在启动发动机的时候车速并非直接达到峰值，而是由0逐渐增加到最大速度。若体现在时间和空间所构成的象限中，则可以看到加速运动的轨迹是一条曲线，如图2-9所示。

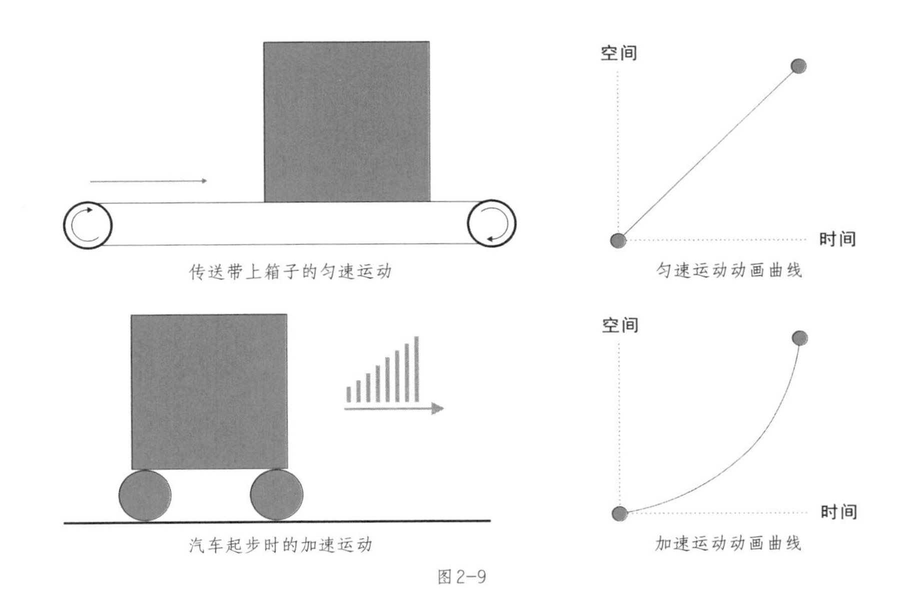

图2-9

2.4.3 运动结束时的逐渐减速

当物体结束运动时，速度由最大速度逐渐减小至0，这个过程比较像一辆汽车的刹车过程。若体现在时间和空间所构成的象限中，则可以看到减速运动的轨迹是一条曲线，如图2-10所示。

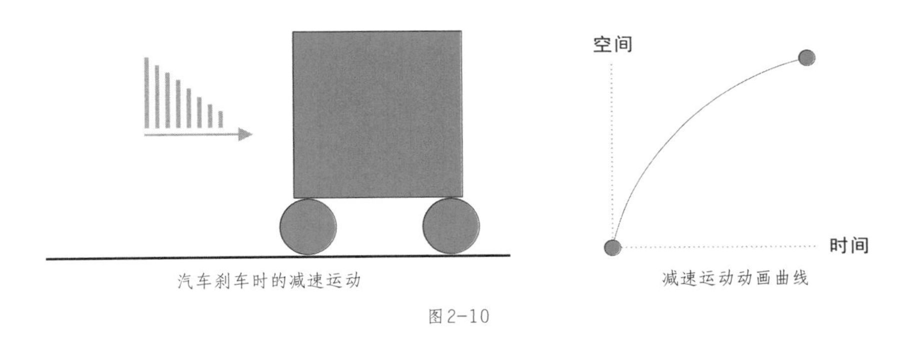

图2-10

2.4.4 动作中同时设置缓冲

与匀速运动相对，如果一个动作开始和结束时分别为加速运动和减速运动，那么这个动作在软件界面中会给用户带来比较流畅和自然的感觉。图2-11所示的是同时缓冲的动画曲线。

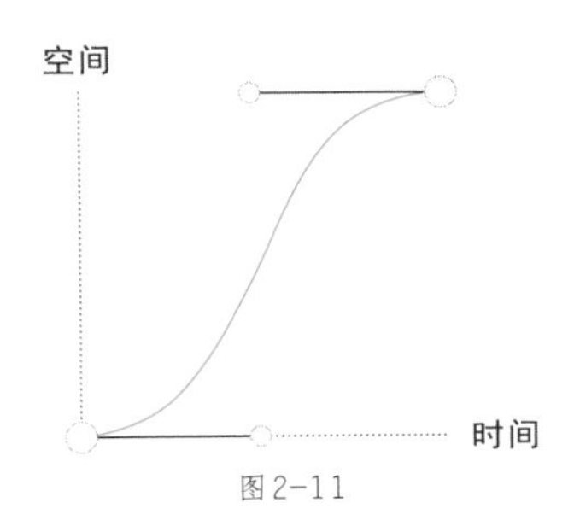

图2-11

2.5 动态表情包的用户体验价值

2.5.1 视觉体验

随着网络传播速度的急剧加快，人们产生审美疲劳的周期大大缩短，面对司空见惯的视觉元素表现出视而不见、听而不闻的“选择厌倦”的态度。如何让自己的表情包设计脱颖而出，让原本漫不经心的用户对它给予特别的关注呢？最直接有效的手段就是使表情包带给用户强烈的视觉刺激，从而让用户获得与众不同的视觉体验。动态表情包设计利用各种技术手段，结合设计师丰富的想象和创意，让现实空间和虚拟空间里的动态表情画面、场景在用户的视域中呈现灵活、多样的变化，让用户获得逼真的视觉体验，从而给用户带来诸多的惊喜和新鲜感。

因此，动态表情包设计首先要能够带给用户新奇、个性化、赏心悦目的视觉体验，从而抓住用户的目光，吸引用户继续观看和参与，进而获得娱乐、情感、科技等其他方面的体验。

2.5.2 娱乐体验

在《后物欲时代的来临》一书中，社会学家郑也夫通过对消费本身以及消费者行为的探讨，认为人们最终需要的不仅是丰富的物质生活，还需要一个娱乐化的生存空间。消费者希望通过娱乐活动，比如游戏，来获得自我的实现和对刺激的追求。因此，在新媒体环境下，表情包设计开始走向娱乐（Entertain）、体验（Experience）、享受（Enjoy）的“3E主义”，这是对消费者这种本能而高级的需求的满足。

娱乐是一种感性活动，不是抽象的幻想，它通过直接的感官接触和参与，使人获得全身心的愉悦。动态表情包设计利用先进的技术为用户构建各种现实或虚拟的体验场景，为用户提供更易接收的，既有互动性又充分娱乐化的表现形式。它通过高度的参与、幽默的表达、虚拟的体验和立体化的交流，以一种娱乐性的非广告的形式接触用户，以充满趣味的表现方式来“娱悦”用户，从而吸引用户主动欣赏、参与互动，使用户获得充分的娱乐体验。

2.5.3 情感体验

早在20世纪80年代和90年代就有许多设计师推崇“人性化”设计理念，即在功能、技术许可的前提下，以标准为基础，向设计产品中注入人性因素（主要是精神因素），具体指情感、想象、趣味、情调、伦理、文化等，从而使设计产品在满足消费者基本物质需要、生理需要的同时，尽可能多地带给消费者精神愉悦感和情感效应。

动态表情包作为新型的互动媒介形式，能够充分调动用户的多种感官来体验和接收各类看似复杂的信息，并在多种感官的刺激、相互作用、相互联系、相互转化下产生通感效应，从而引起用户对事物的联想与想象。动态表情包设计通过视觉体验让用户对特定视觉要素产生兴趣，通过娱乐互动给予用户一种提示或启发，激发用户思维以产生联想，唤起用户对特定内涵的认同，或引发用户对未来的想象。动态表情包设计营造的情境唤醒了用户的情感，使各感觉通道间可以发生相互作用，可以引起用户的共鸣，从而使用户产生真切的情感体验。

2.5.4 科技体验

在一般的艺术设计中，设计师都讲究文化性与创造性，但是在动态表情包设计中，科技性却是必不可少的。动态表情包设计推动了视觉创意与表现的升级，可以说，动态表情包本身就是艺术与技术的结合，而动态表情包设计更是将这种结合的优势发挥到了极致。动态表情包设计借助网络技术、触控技术等新兴科技，极大地丰富了“网络表情”的视觉传播形态，消除了现实空间与虚拟空间之间的边界，为用户带来了全方位的互动体验。用户在体验“网络表情”的乐趣的同时，也生动地感受到了这些新兴技术所蕴含的科技魅力。

2.6 提升用户体验的动态设计原则

2.6.1 表现出克制——简洁性原则

我们在设计产品这件事上做的大部分工作是“让设计消失”。动态表情包设计也不是在任何交互情境下都适用的，通常情况下应尽可能地将动画设计得微妙且低调。如果你把用户的注意力过多地吸引到动画效果上，很可能会干扰到用户本来要做的事情。最好的动画可以帮助用户了解发生了什么事，同时不会让用户注意到动画本身。如果使用得当，动画可以帮助用户更好地理解和享受数字产品；如果使用过度，动画会让用户觉得不知所措和难以控制。没有意义或不合逻辑的动画会干扰用户，并让用户不知所措。图2-12所示的是简洁风格的表情包设计。

图2-12

需要强调的是，要确保添加的动画加强了用户对应用程序功能的理解。虽然我们一般认为动画非常有吸引力，可以呈现交互情境并且提供更好的反馈，但是这个想法并不是在什么时候都是准确的；在大多数的任务和操作中，我们最好是快速且直接地反馈，而不是大张旗鼓地做动画转场。

2.6.2 拓展表情包动态区域——建立空间关系

在表情包中设定准确的动态区域可以让图形界面更加具有真实感。动画之所以是用来解释界面空间关系的最好方式，是因为动画是对空间最自然的理解方式。用户往往喜欢接受既美观又具有创造性的界面和操作方式，但是在他们使用产品的过程中，当这种创造性并没有实际意义或与物理规律相悖时，他们也会觉得困惑和被干扰。比如，你的一个界面是从屏幕上方通过下滑动画出现的，那么关闭的时候就应该用上滑动画，因为这样可以帮助用户记住这个界面的空间位置；如果关闭的时候也是下滑操作，那么用户心中的空间逻辑就被这个动画破坏了。

2.6.3 不同种类的动态效果——传达材料的材质特点

对界面元素的物理材料的模拟，可以展现出不同的产品气质。例如，一个物体的简单坠落动画，对不同材质的模拟会让人感觉到不同的氛围。

- 着陆时反弹幅度较大，会让物体呈现出橡胶的质感。
- 给人一种轻盈愉快的感觉：着陆时反弹幅度很小，会让物体呈现出金属的质感。
- 给人一种厚重严肃的感觉：着陆时反弹后四处翻滚，会让物体呈现出塑料的质感。
- 给人一种滑稽幽默的感觉：着陆时的速度先快后慢，会让物体呈现出被外力控制的效果。
- 给人一种精确的感觉：着陆时先悬空停止然后轻轻落下，呈现出一种反地球引力、超现实的效果。

2.6.4 动画持续时间——播放速度

速度是用来评价界面动画质量的一项非常重要的指标，没有人愿意浪费时间只为看着一个动画完成。作为界面动画的一个原则，所有界面元素的动画效果所占时间最长不应该超过1秒。动画的速度也不宜过快，因为用户有可能还没有了解动画的意图它就已经结束了，这样的速度感觉像一个技术错误。在设计界面动画的时候还要牢记一点：同样的动画如果经常出现，那么这个动画的播放速度在用户的心理感受上会变得越来越慢。

2.6.5 降低成本——表情包动态设计原型

设计草图过于静态，无法展示设计所具有的时间特性；而真实的App研发成本过高、耗时过长。动态设计原型弥补了上述两种方式的不足，在不需要开发团队介入的情况下，可以通过动态的方式向团队或者用户展示界面在不同的时间点上是如何工作的；这种方式在真实还原设计的同时，还极大地降低了修改设计的成本。

动态设计原型需要满足以下这些条件。

- 可实现用户对动画制作的操作体验。
- 可以融合默认的系统动画与创新的自定义动画。
- 可以制作出原型，向用户展示，并从他们的反馈中学习。

● 动态原型设计团队是一个由创造者、设计师和原型师组成的团队，他们的任务不是做全功能App，而是做产品界面设计原型；同时配合界面设计团队，用动态的方式探索新的界面设计的可能性；与其他开发团队协同工作，让动画从早期的草稿原型逐步转化为成品，最后带给用户愉悦的体验。图2-13所示为手绘的表情包草图；图2-14所示为手绘的表情包设计原型的基本制作步骤，图2-15所示为计算机绘制的表情包设计原型的基本制作步骤。

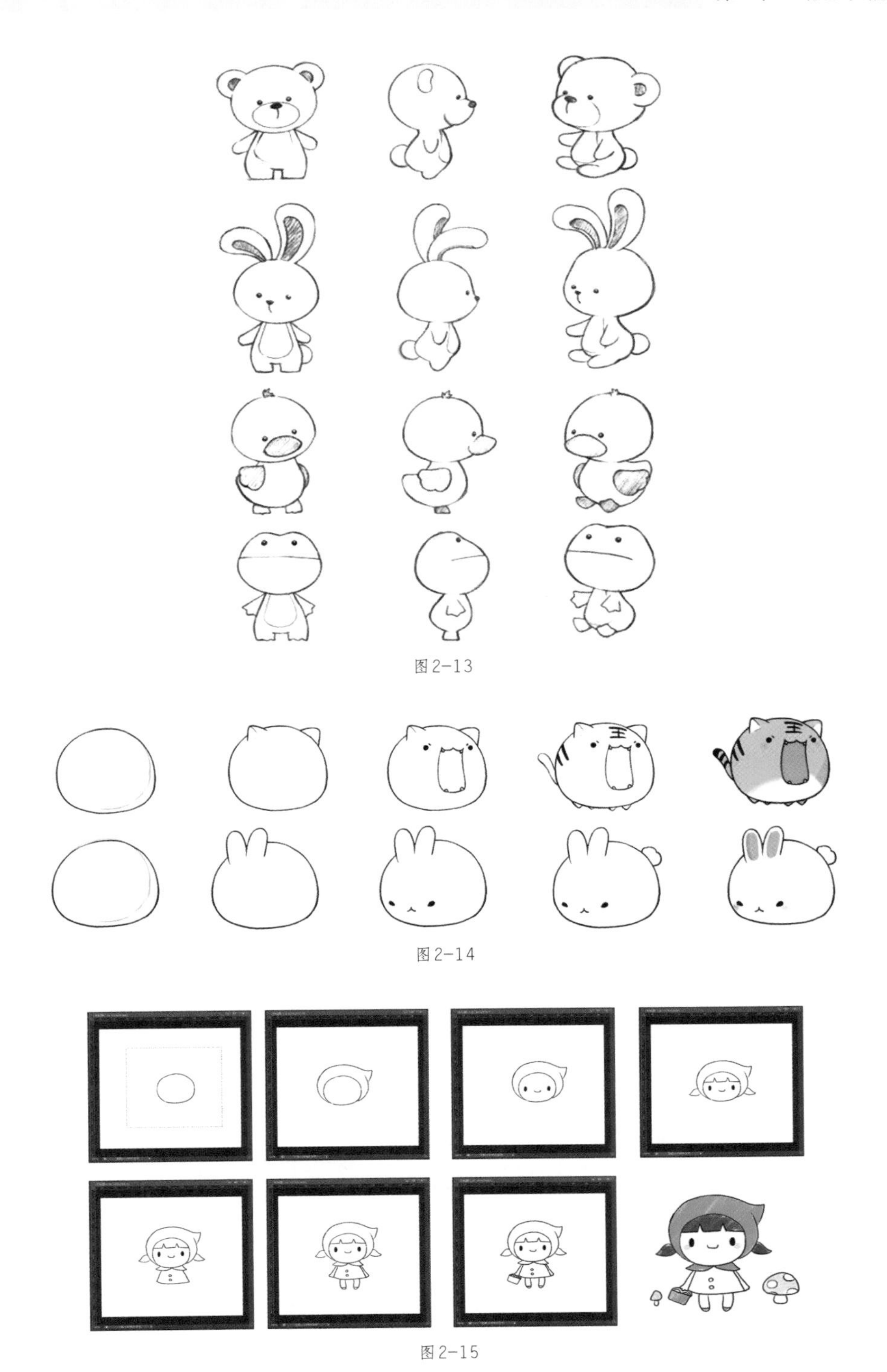

图2-13

图2-14

图2-15

第3章　“阿呆”表情包制作案例

我们将这个简单的表情形象定位成一个呆萌可爱的人物形象，造型以单纯的线条为主，色彩也以黑白两色为主，突出单纯、可爱的造型特点。将这个表情形象的昵称定为“阿呆”，这样比较符合现代年轻人的喜好。

3.1 制作表情包静态原型

在3.1节使用PS制作“阿呆”基本轮廓时，主要使用【钢笔工具】，在绘图的过程中，注意线条流畅；在绘制“阿呆”的不同表情时，注意各种表情的主要特征和信息传递的准确性；可以根据案例的制作过程进行自我喜好的改造，从而绘制出与众不同的作品。

3.1.1 绘制“阿呆”基本轮廓

01 打开PS，选择【文件】→【新建】命令，如图3-1所示。

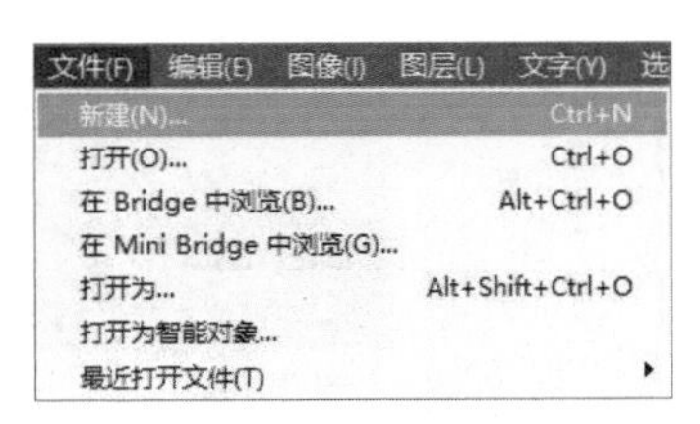

图3-1

02 单击【预设】右侧的下拉按钮，选择【国际标准纸张】，即A4大小，如图3-2所示。

03 此时【宽度】值为210毫米，【高度】值为297毫米，【分辨率】为300像素/英寸，【颜色模式】为RGB颜色，【背景内容】为白色，如图3-3所示，单击【确定】按钮。

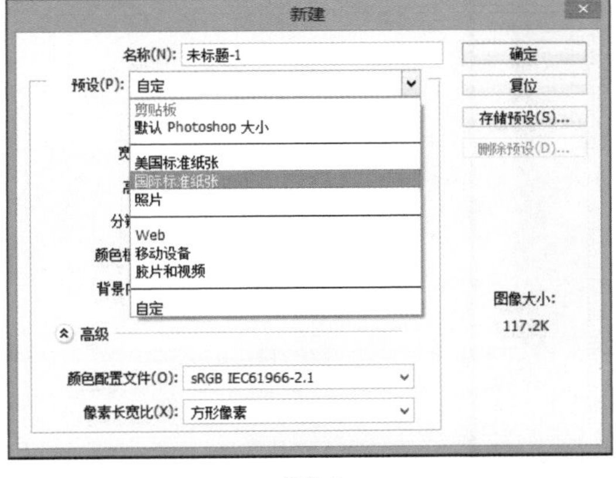

图3-2

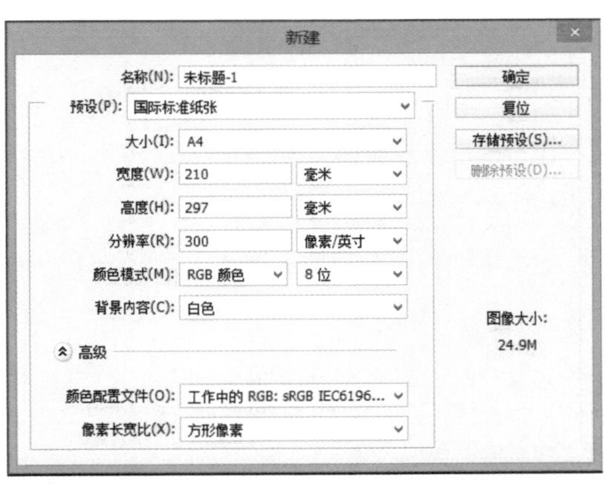

图3-3

04 在左侧工具栏中选择【钢笔工具】，如图3-4所示。

05 在背景板中勾勒出一个轮廓，如图3-5所示。

06 先单击左侧工具栏中的【油漆桶工具】，再单击黑色色块设置前景色，如图3-6所示。

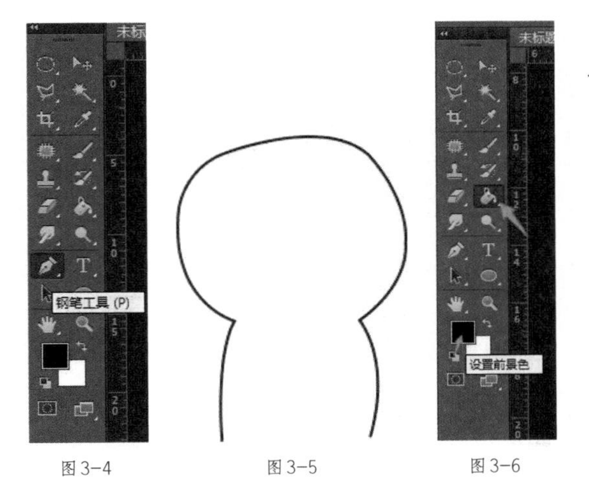

图3-4　图3-5　图3-6

07 当前景色为黑色时，【R】、【G】、【B】数值皆为0，如图3-7所示。

08 将【R】、【G】、【B】数值都调为255，此时前景色色块即为白色，单击【确定】按钮。工具栏中的前景色色块如图3-8所示。

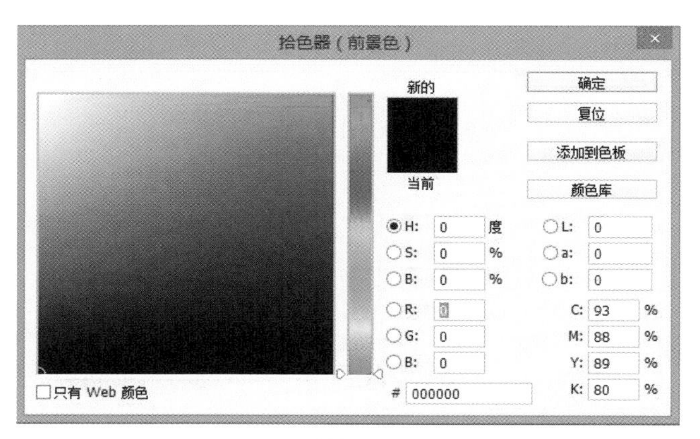

图 3-7

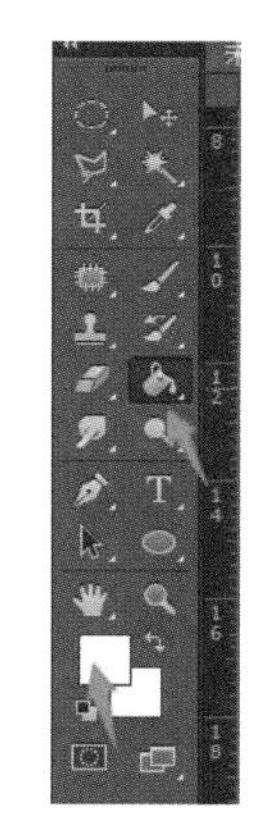

图 3-8

09 单击【油漆桶工具】，将轮廓内部填充为白色，如图3-9所示。因背景板为白色，所以无法辨别颜色，待进行动态处理时填充的颜色就会起作用。

10 在【图层】面板中将第1个图层命名为“轮廓”，如图3-10所示。

11 单击【图层】面板下方的【新建图层】按钮，新建一个图层，如图3-11所示。

12 将这一图层命名为“眼睛”，如图3-12所示。

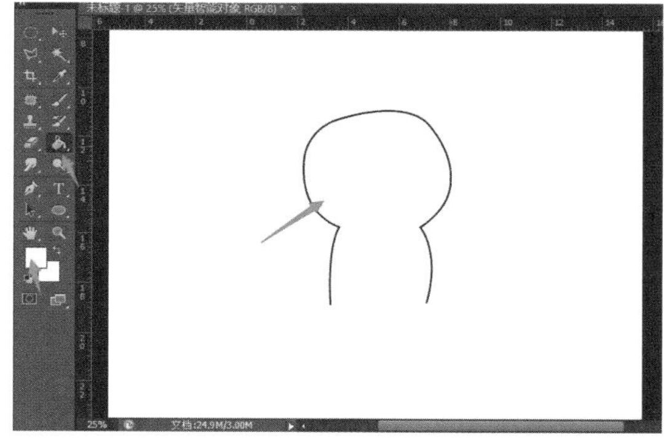

图 3-9

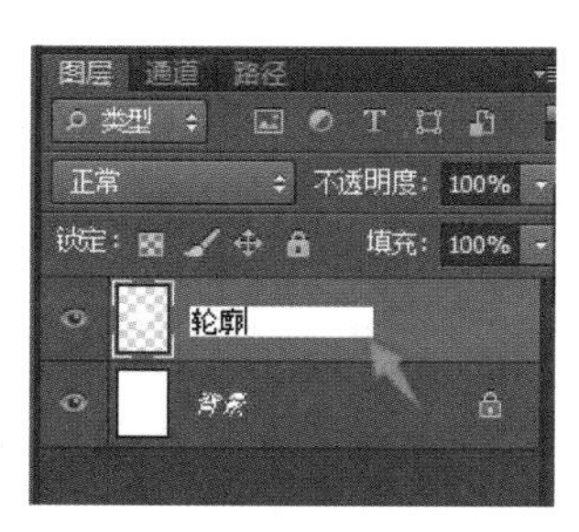

图 3-10

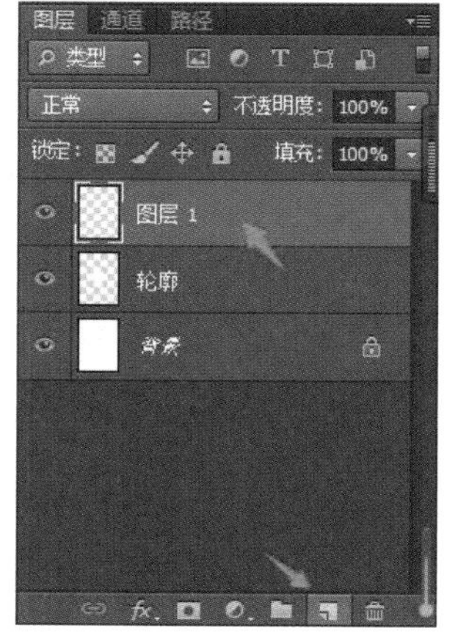

图 3-11

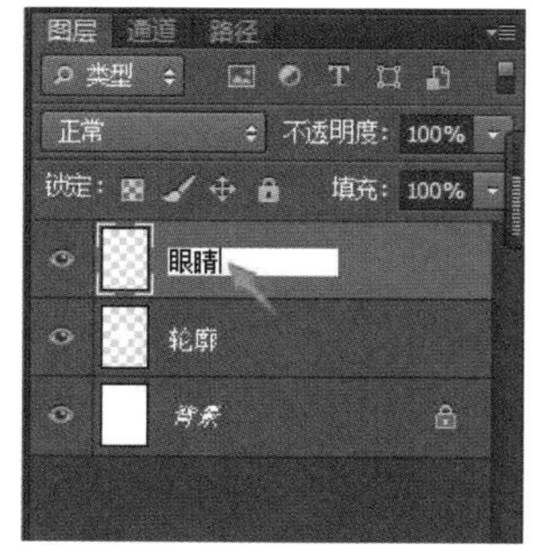

图 3-12

13 在左侧工具栏中选择【椭圆工具】，如图3-13所示。

14 按住【Shift】键，在头部画一个圆，如图3-14所示。

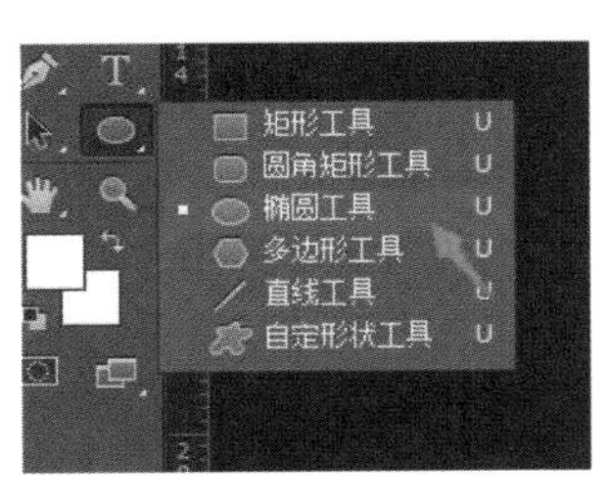

图3-13

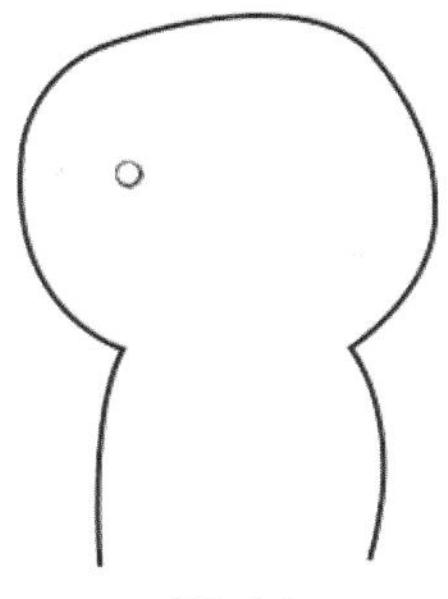

图3-14

15 眼睛为黑色，因此将前景色改为黑色，【R】、【G】、【B】数值皆为0，单击【确定】按钮，如图3-15所示。

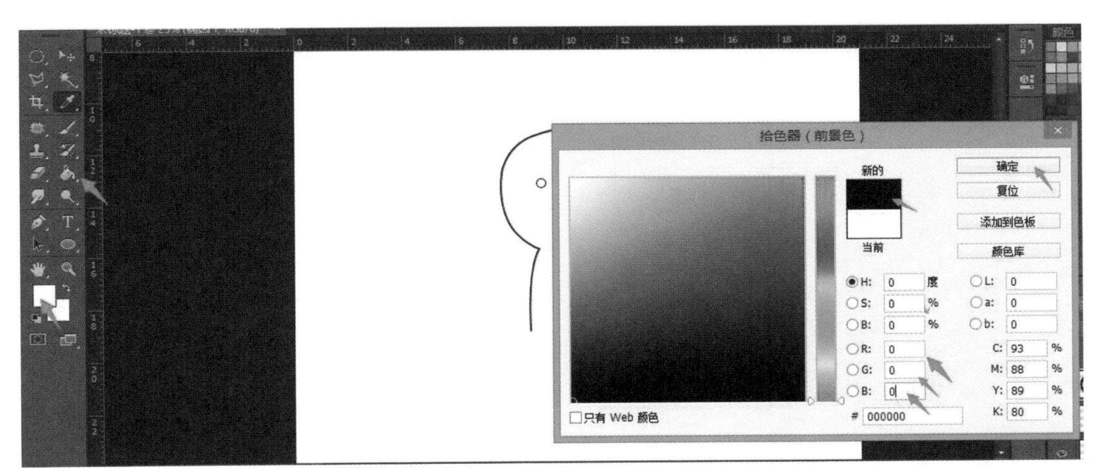

图3-15

16 用【钢笔工具】在圆圈下画一小段弧，完善眼睛，如图3-16所示。

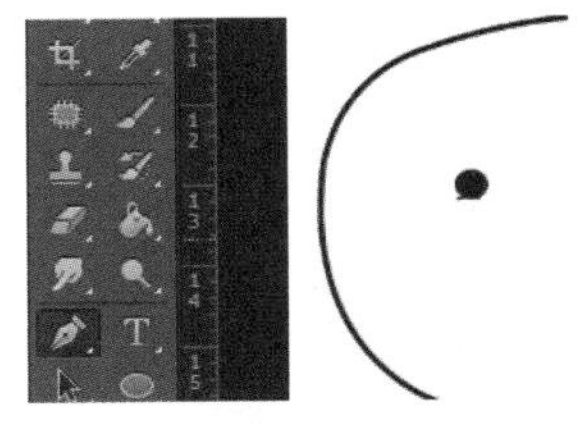

图3-16

17 选中“眼睛”这一图层，同时按住【Ctrl】+【C】键，对“眼睛”图层进行复制，如图3-17所示。

18 同时按住【Ctrl】+【V】键，粘贴刚才复制的“眼睛”图层。

19 将眼睛调整到适当的位置，如图3-18所示。

20 同时按住【Ctrl】+【T】键，进入自由变换状态，选择【编辑】→【变换】→【水平翻转】命令，将眼睛调成对称状态，如图3-19所示。

图3-17

图3-18

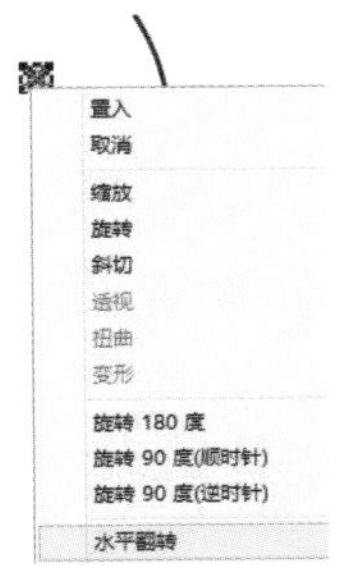

图3-19

21 按住【Shift】键，在【图层】面板中同时选中“眼睛”和“矢量智能对象”两个图层，这两个图层包含的都是眼睛图形，如图3-20所示。

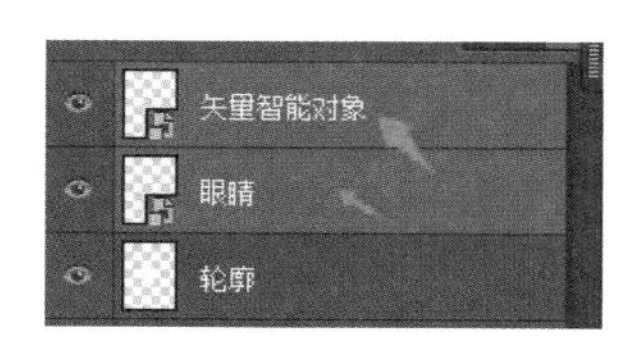

图3-20

22 单击鼠标右键，选择【合并图层】，如图3-21所示。

23 此时眼睛如图3-22所示，可谓炯炯有神。

24 新建一个图层，将其命名为“嘴巴”，如图3-23所示。

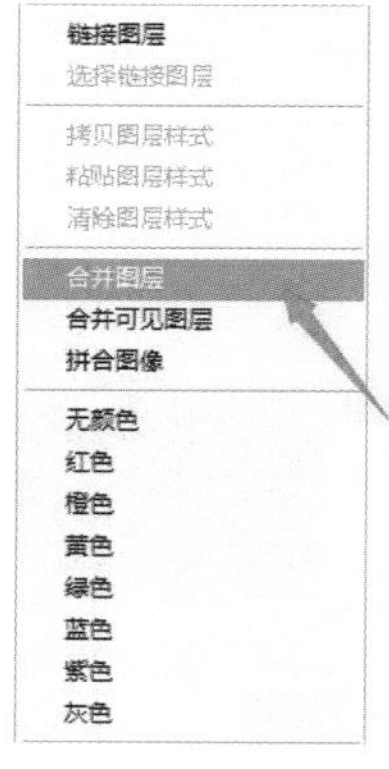

图3-21

图3-22

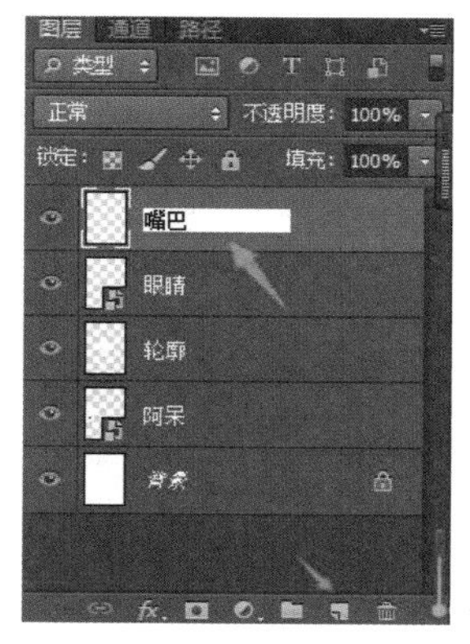

图3-23

25 用【钢笔工具】画一段弧线，“阿呆”的脸部就完成了，如图3-24所示。

26 新建一个图层，将其命名为“手”，如图3-25所示。

27 用【钢笔工具】画一段较为陡峭的弧线，即“阿呆”的手，如图3-26所示。

图3-24

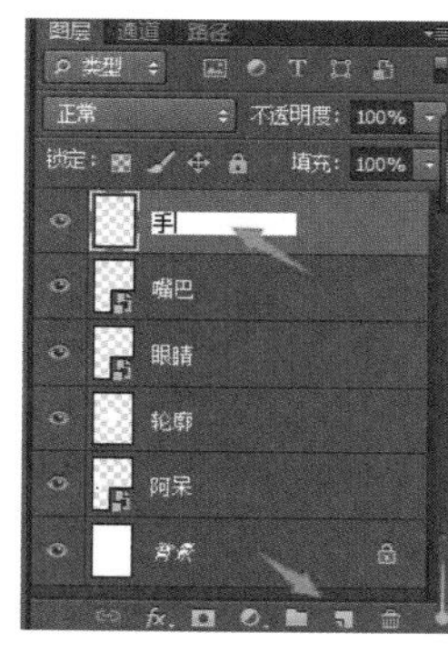

图3-25

图3-26

28 选中“阿呆”的手，如图3-27所示。

29 按住【Ctrl】+【C】键，进行复制；然后按住【Ctrl】+【V】键，进行粘贴，再单击【确定】按钮，如图3-28所示。

30 另一只手粘贴完成后，将两只手调节到同一高度，如图3-29所示。

31 按住【Shift】键，在【图层】面板中同时选中两个图层，如图3-30所示。

图3-27

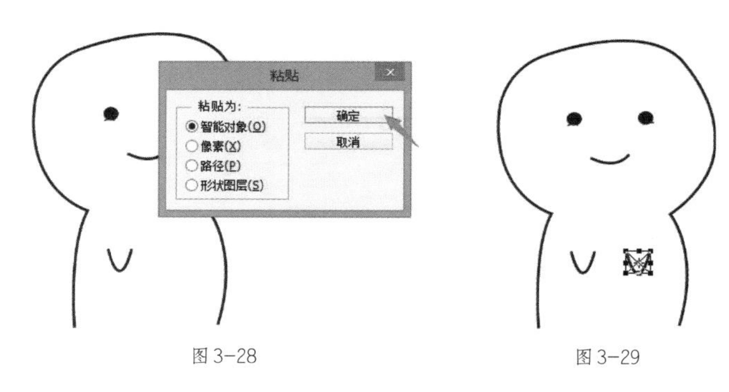

图 3-28　　图 3-29

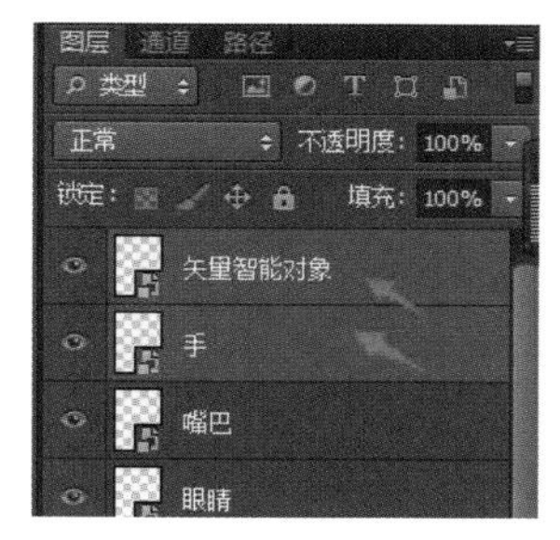

图 3-30

32 单击鼠标右键，选择【合并图层】，如图3-31所示。

33 将合并后的图层命名为“手”。

34 到目前为止，“阿呆”的基本轮廓制作完毕，如图3-32所示。

35 执行【文件】→【存储为】命令，如图3-33所示。

文件(F)　编辑(E)　图像(I)　图层(L)　文字(Y)　选

新建(N)...	Ctrl+N
打开(O)...	Ctrl+O
在 Bridge 中浏览(B)...	Alt+Ctrl+O
在 Mini Bridge 中浏览(G)...	
打开为...	Alt+Shift+Ctrl+O
打开为智能对象...	
最近打开文件(T)	
关闭(C)	Ctrl+W
关闭全部	Alt+Ctrl+W
关闭并转到 Bridge...	Shift+Ctrl+W
存储(S)	Ctrl+S
存储为(A)...	Shift+Ctrl+S
签入(I)...	
存储为 Web 所用格式...	Alt+Shift+Ctrl+S
恢复(V)	F12

图 3-33

图 3-31　　图 3-32

36 将【文件名】改为“阿呆”，【格式】设置为PSD，单击【保存】按钮，如图3-34所示。

图 3-34

37 单击【确定】按钮，文件保存完毕，如图3-35所示。

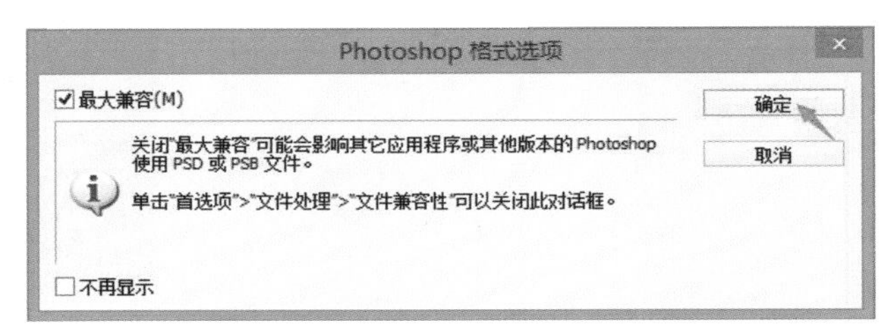

图 3-35

3.1.2 绘制“保持微笑”表情

01 打开上一小节制作的名为“阿呆”的PSD格式的文件，单击【图层】面板右下角名为“轮廓”的图层，如图3-36所示。

02 同时按住【Ctrl】+【T】键，进入自由变换状态，如图3-37所示。

图 3-36

图 3-37

03 调节【轮廓】框的位置，将面部的眼睛、嘴巴移动到头部的右上角，制造45°角仰头的视觉效果，如图3-38所示。

04 单击任意工具，在弹出的提示框中单击【应用】按钮，如图3-39所示。

图 3-38

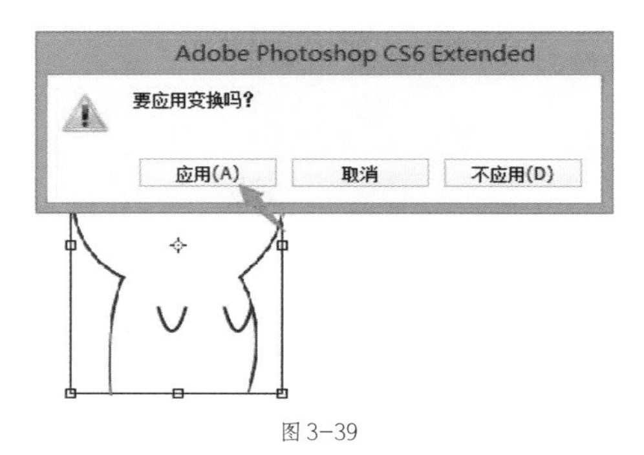

图 3-39

05 用【钢笔工具】调节右侧身体轮廓，将向右凸的弧线调节成向左凸起，制造侧身的视觉效果，如图3-40所示。

06 单击名为“手”的图层，如图3-41所示。

07 将手部调倾斜一些，也制造成侧身效果，“保持微笑”的表情就制作完成了，如图3-42所示。

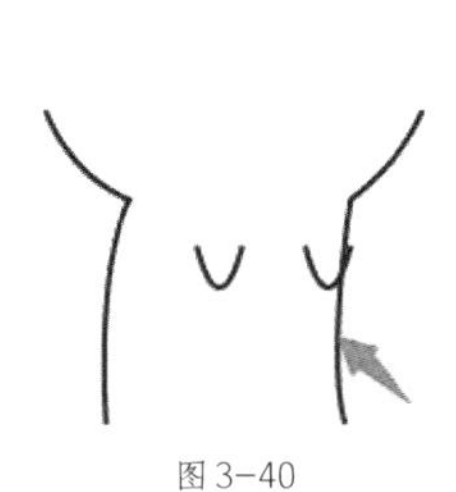

图3-40

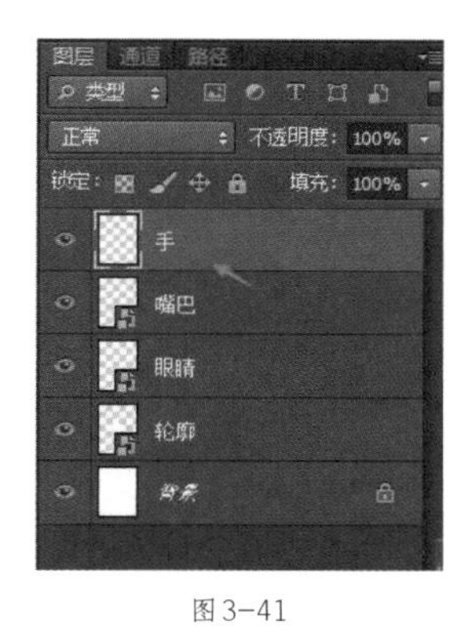

图3-41

图3-42

08 执行【文件】→【存储为】命令，将图片保存为PSD格式，【文件名】为“保持微笑”。

3.1.3 绘制“抱抱”表情

01 打开PS，执行【文件】→【新建】命令，如图3-43所示。

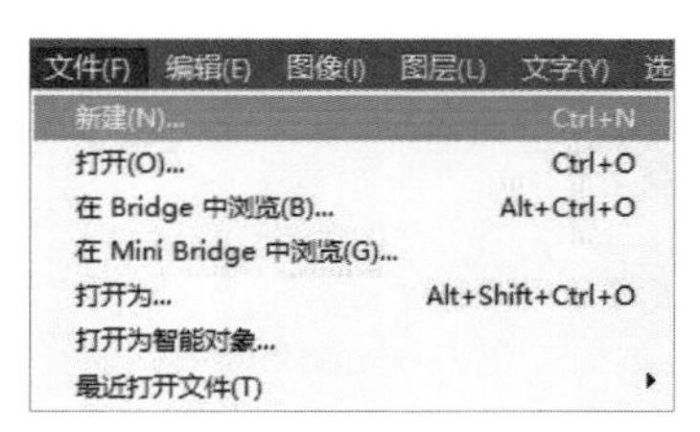

图3-43

02 单击【预设】右侧的下拉按钮，选择【国际标准纸张】，即A4大小，如图3-44所示。

03 此时【宽度】值为210毫米，【高度】值为297毫米，【分辨率】为300像素/英寸，【颜色模式】为RGB颜色，【背景内容】为白色，单击【确定】按钮，如图3-45所示。

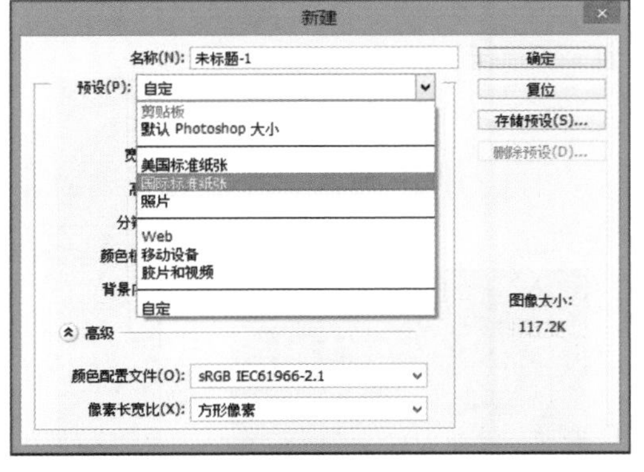

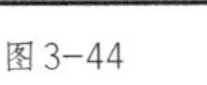

图3-44

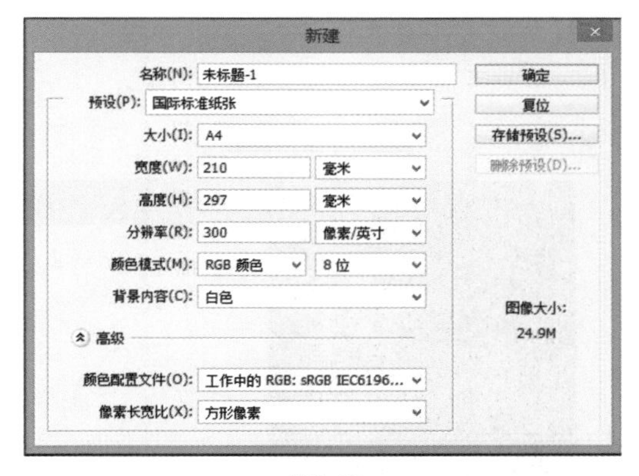

图3-45

04 执行【文件】→【打开】命令，如图3-46所示。

05 选中“阿呆”PSD文件后，单击【打开】按钮，如图3-47所示。

图 3-46

图 3-47

06 在名为“轮廓”的图层上单击鼠标右键，选择【复制图层】，如图3-48所示。

图 3-48

07 打开新建的文件，粘贴“轮廓”图层，如图3-49所示。

08 在粘贴过来的“轮廓”图层名称上双击，将复制过来的“轮廓”图层命名为“轮廓”，如图3-50所示。同样，将名为“眼睛”的图层也复制过来。

09 单击工具栏中的【钢笔工具】，如图3-51所示。

图 3-49

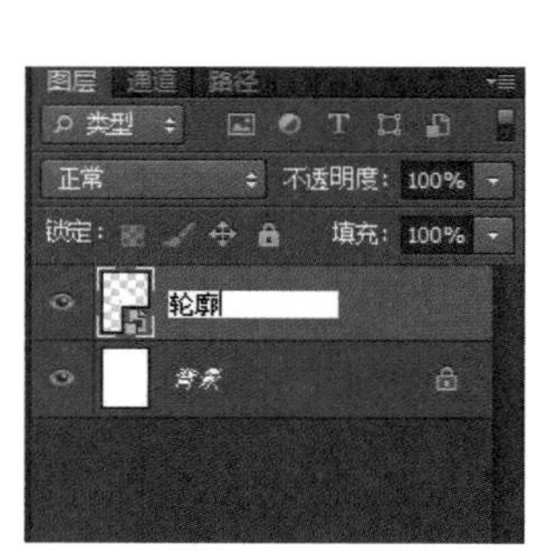

图 3-50

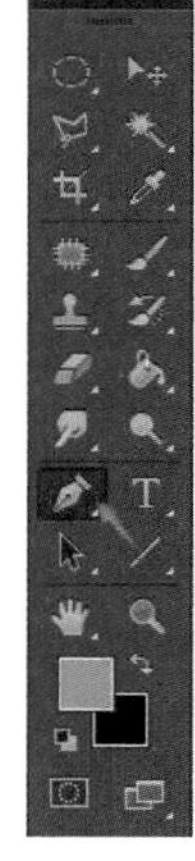

图 3-51

10 在人物眼睛下方的正中间位置画一张可爱、张开的嘴巴，如图3-52所示。

11 新建一个图层，将其命名为“手”，用【钢笔工具】画一双张开的手，如图3-53所示。

12 在左侧工具栏中选择【文字工具】，如图3-54所示。

13 在人物的右上角输入文字“抱~”，并修改其字体，这里选取的是“迷你简娃娃篆”字体，如图3-55所示，以提示表情的含义。这样“抱抱”的表情就制作完成了。

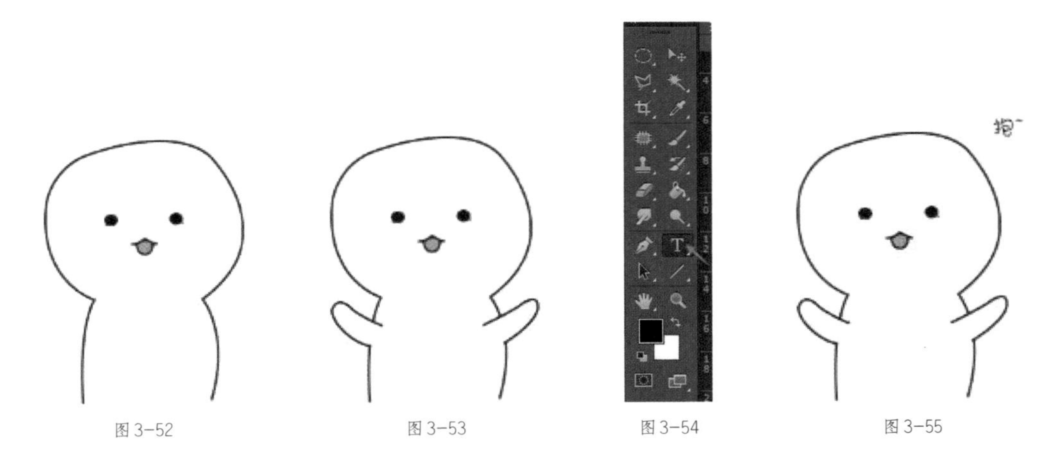

图3-52 图3-53 图3-54 图3-55

14 执行【文件】→【存储为】命令，将图片保存为PSD格式，【文件名】为“抱抱”。

3.1.4 绘制“飞吻”表情

01 打开PS，执行【文件】→【新建】命令，如图3-56所示。

02 单击【预设】右侧的下拉按钮，选择【国际标准纸张】，即A4大小，如图3-57所示。

图3-56

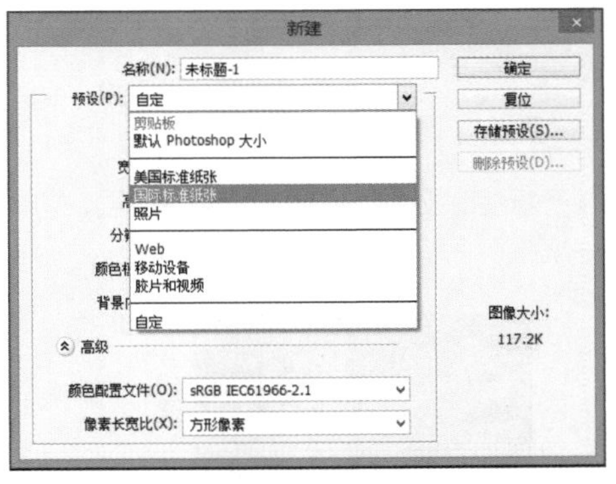

图3-57

03 此时【宽度】值为210毫米，【高度】值为297毫米，【分辨率】为300像素/英寸，【颜色模式】为RGB颜色，【背景内容】为白色，单击【确定】按钮，如图3-58所示。

04 执行【文件】→【打开】命令，如图3-59所示。

05 选中“阿呆”PSD文件后单击【打开】按钮，如图3-60所示。

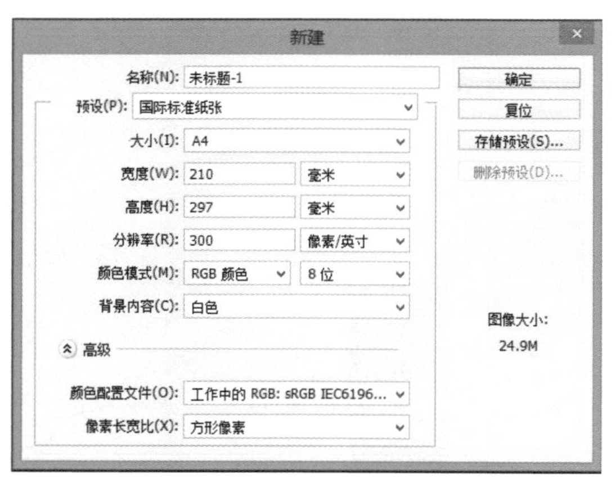

图 3-58

图 3-59

图 3-60

06 在“轮廓”图层上单击鼠标右键，选择【复制图层】，如图3-61所示。

07 打开新建的文件，粘贴“轮廓”图层，如图3-62所示。

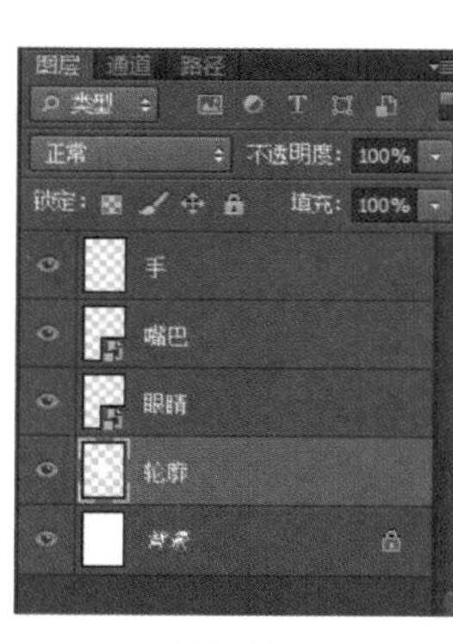

图 3-61

图 3-62

08 在粘贴过来的“轮廓”图层名称上双击，将复制过来的“轮廓”图层命名为“轮廓”，如图3-63所示。

同样，将名为“眼睛”和“手”的图层也都复制过来。

09 单击工具栏中的【钢笔工具】，如图3-64所示。

10 在“阿呆”的脸部画一张噘起来的嘴巴，弧度可以画得随意一些，要符合“阿呆”的整体造型，如图3-65所示。

11 选中“手”图层，如图3-66所示，进行手部调节。

12 将左手放置在嘴唇旁边，呈将吻送出去的姿势，如图3-67所示。

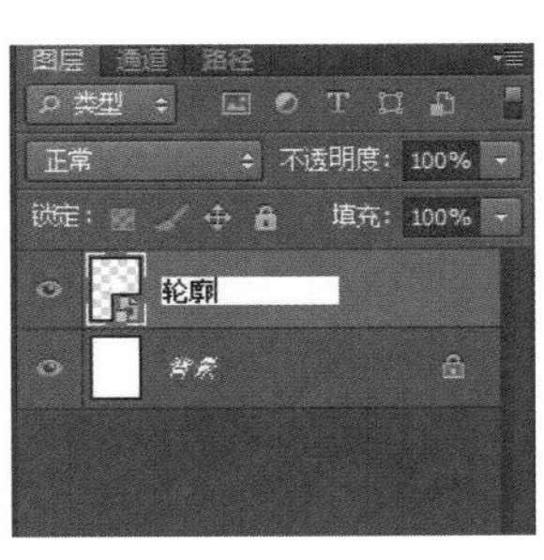

图3-63

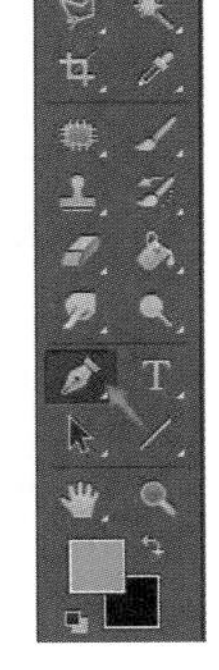

图3-64

图3-65

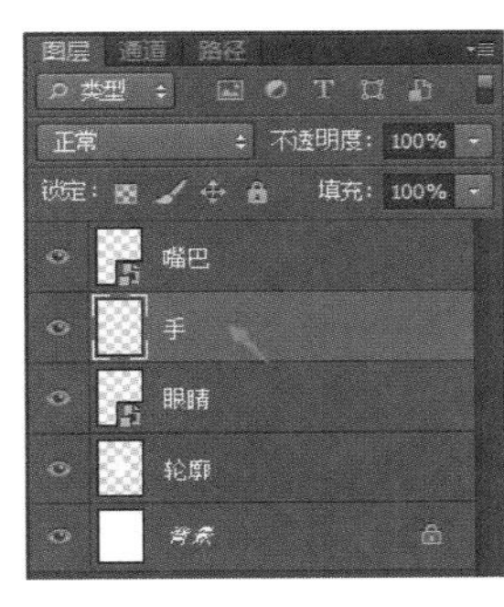

图3-66

图3-67

13 新建一个图层，将其命名为“心心”，如图3-68所示，然后在该图层上使用【钢笔工具】绘制一个心。

14 去掉心的描边，将心的前景色调成红色，具体数值视个人喜好而定，单击【确定】按钮，如图3-69所示。

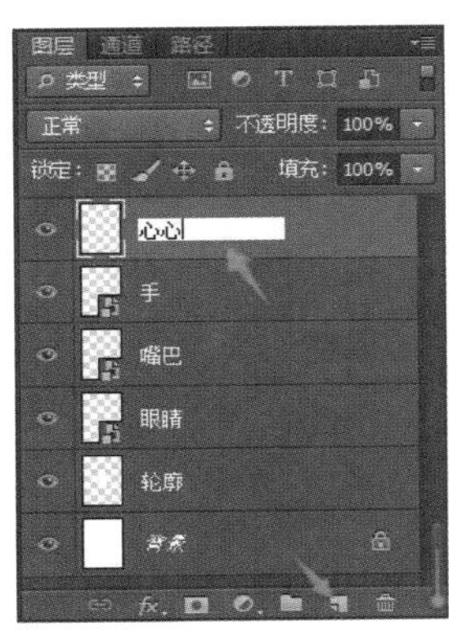

图3-68

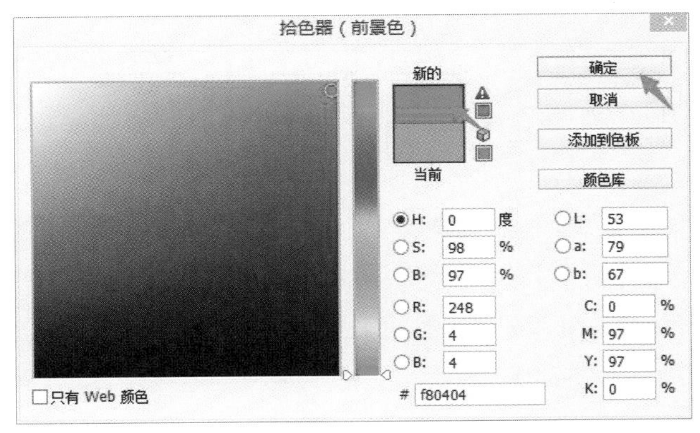

图3-69

15 将画好的心形调整到适当位置，然后按【Ctrl】+【T】键进行调整，如图3-70所示，按【Ctrl】+【C】键进行复制，按【Ctrl】+【V】键进行粘贴，得到两个相同的心形，将第2个和第3个心形依次调大一圈，并排好队形。

16 绘制好的“飞吻”表情如图3-71所示。

图 3-70

图 3-71

17 执行【文件】→【存储为】命令，将图片保存为PSD格式，【文件名】为“飞吻”。

3.1.5 绘制“惊吓”表情

01 打开PS，执行【文件】→【新建】命令，如图3-72所示。

02 单击【预设】右侧的下拉按钮，选择【国际标准纸张】，即A4大小，如图3-73所示。

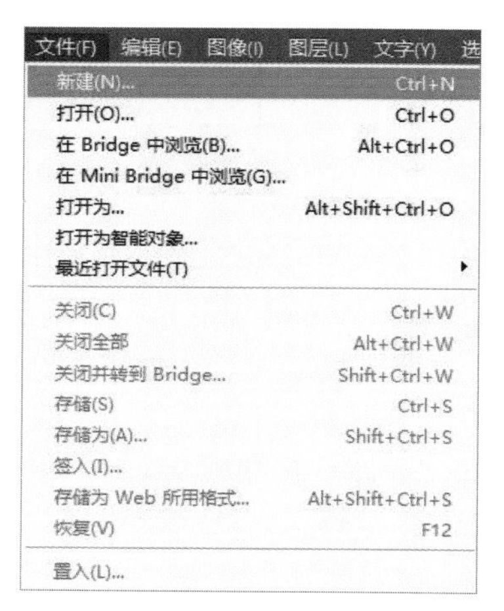

图 3-72

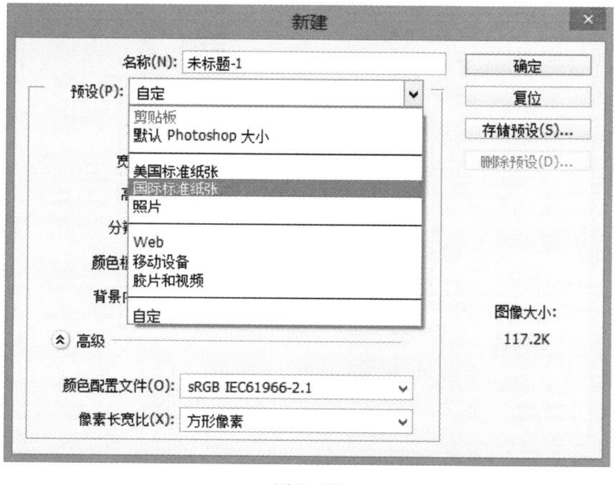

图 3-73

03 此时【宽度】值为210毫米，【高度】值为297毫米，【分辨率】为300像素/英寸，【颜色模式】为RGB颜色，【背景内容】为白色，单击【确定】按钮，如图3-74所示。

04 在左侧工具栏中选择【钢笔工具】，如图3-75所示。

05 在背景板中勾勒出一个轮廓，如图3-76所示。

06 单击左侧工具栏中的【油漆桶工具】，再单击黑色色块来设置前景色，如图3-77所示。

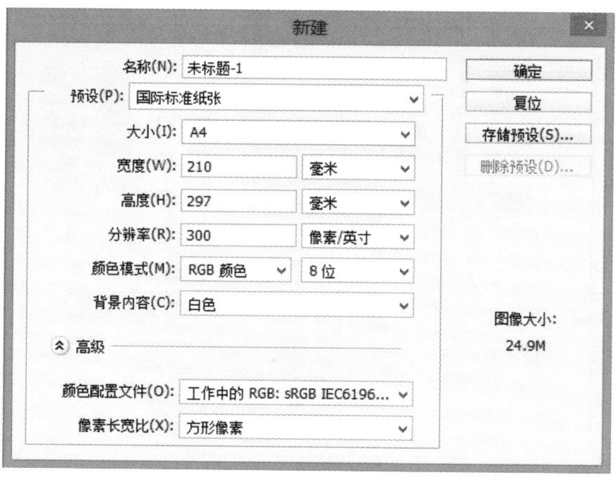

图 3-74

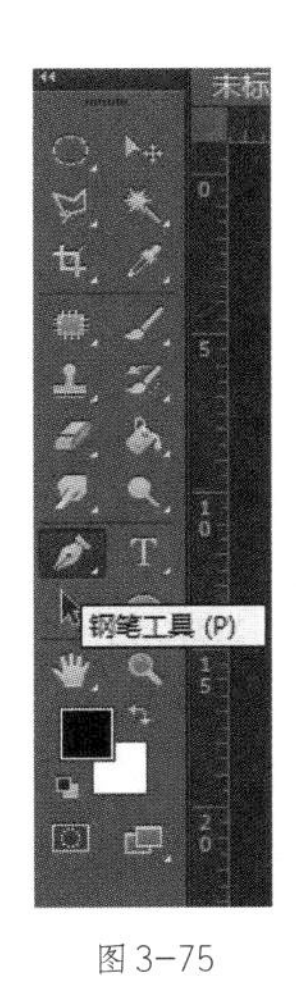

图 3-75

图 3-76

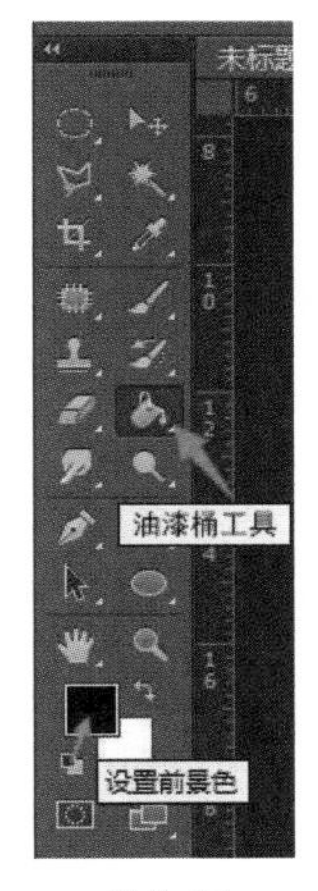

图 3-77

07 当前景色为黑色时，【R】、【G】、【B】数值皆为0，如图3-78所示。

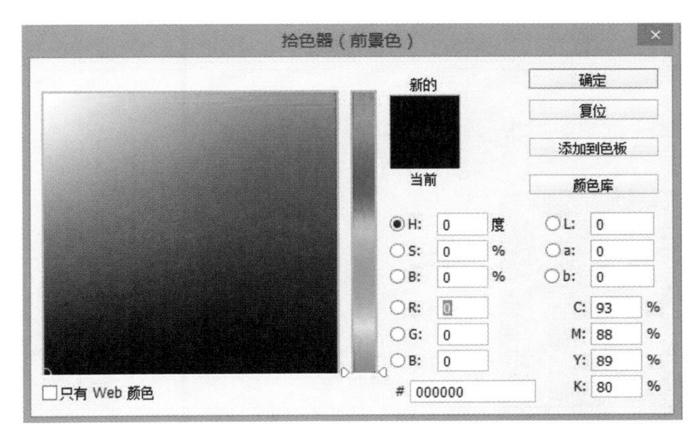

图 3-78

08 将【R】、【G】、【B】数值都调为255，此时前景色色块为白色，单击【确定】按钮，如图3-79所示。

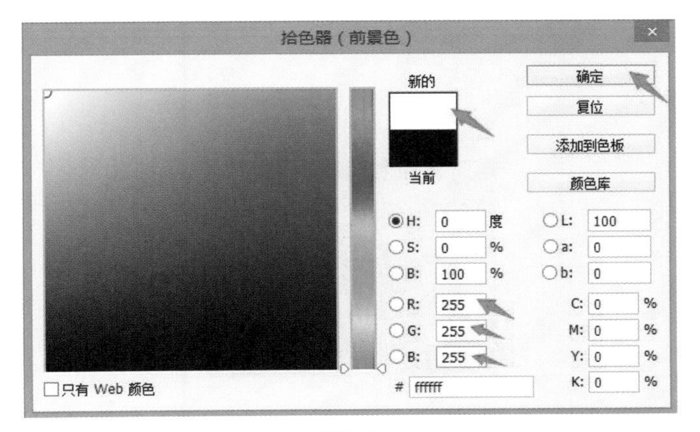

图 3-79

09 单击【油漆桶工具】，将轮廓内填充为白色，如图3-80所示。因背景板为白色，所以无法辨别颜色，等进行动态处理时填充的颜色就会起作用。

10 在【图层】面板中将第1个图层命名为“轮廓”，如图3-81所示。

11 单击下方的【新建图层】按钮，如图3-82所示。

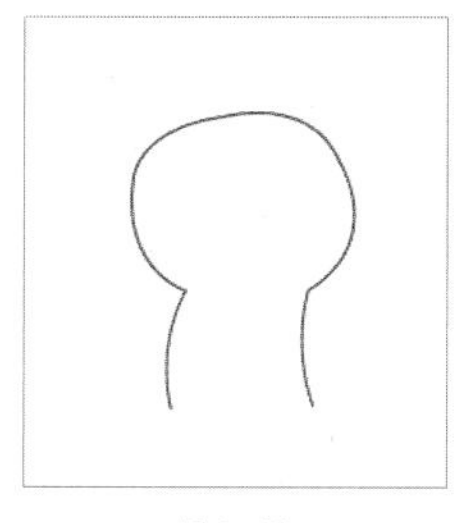

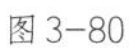

图 3-80

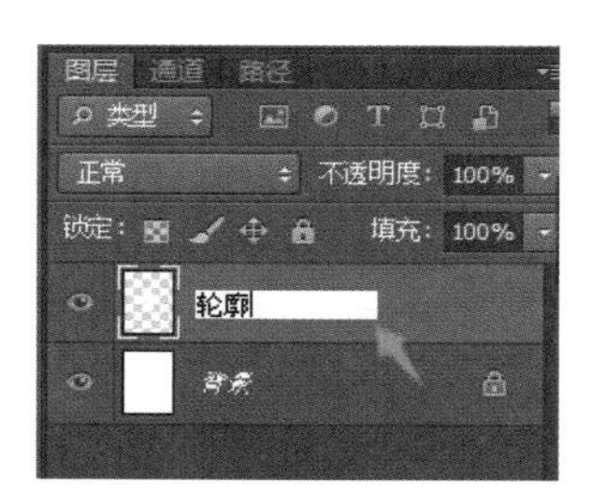

图 3-81

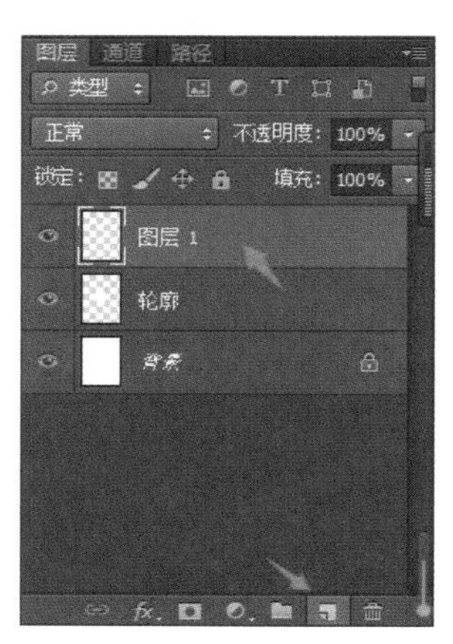

图 3-82

12 将新建的图层命名为“眼睛”，如图3-83所示。

13 在左侧工具栏中选择【钢笔工具】，如图3-84所示。

图 3-83

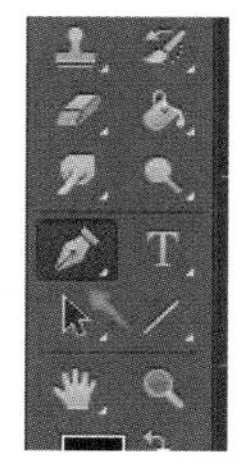

图 3-84

14 在轮廓的头部画两个大小不一的圆圈，如图3-85所示。

15 新建一个图层，并将其命名为“嘴巴”，如图3-86所示。

16 用【钢笔工具】画一张张大的五边形嘴巴，如图3-87所示。

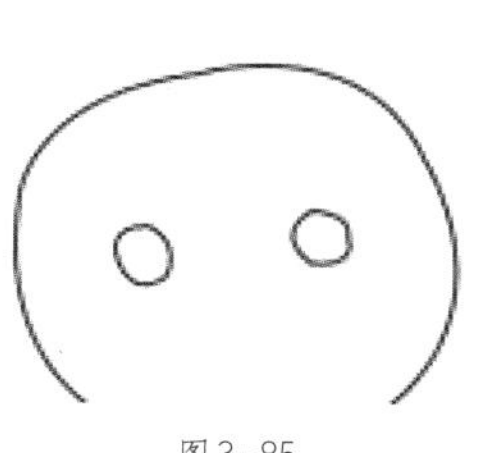

图 3-85

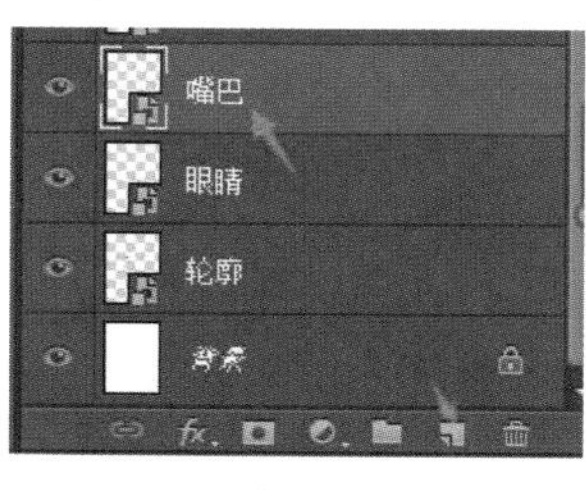

图 3-86

图 3-87

17 新建一个图层，并将其命名为“手”，如图3-88所示。

18 “阿呆”的手在这里有些变化，他的右手向外伸，方向向下，左手向上（注：本章均根据“阿呆”各身体部位实际的左、右位置来为其命名），如图3-89所示。

19 新建一个图层，并将其命名为“眉毛”，如图3-90所示。

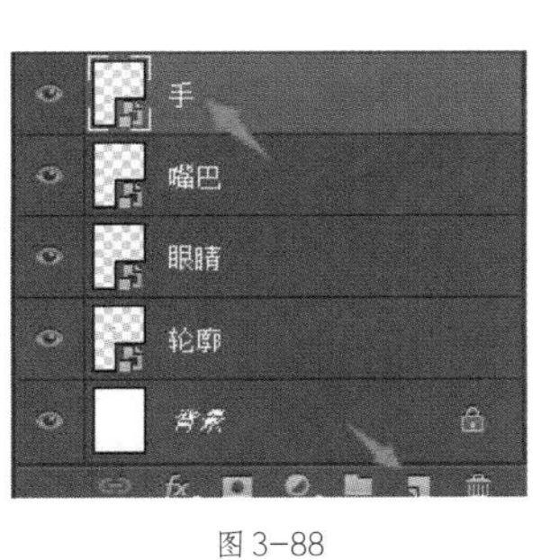

图 3-88

图 3-89

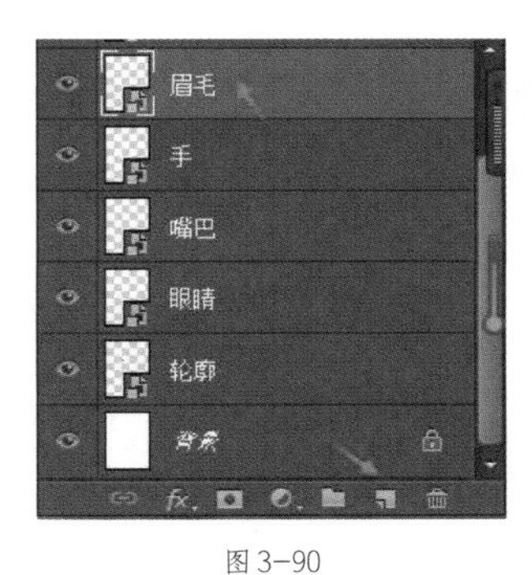

图 3-90

20 用【钢笔工具】画两条斜线做的眉毛，以表示受到惊吓，如图3-91所示。

21 新建一个图层，并将其命名为“汗”，如图3-92所示。

22 用【钢笔工具】在“阿呆”的右眼下面画3条长短不一的竖线，如图3-93所示。

图 3-91

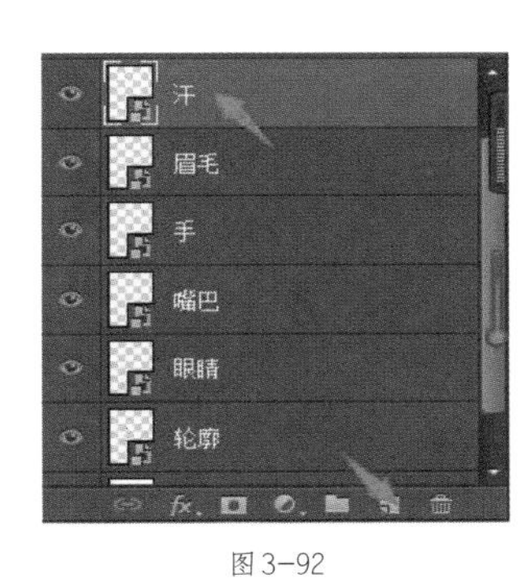

图 3-92

图 3-93

23 新建一个图层，并将其命名为“感叹号”，如图3-94所示。

24 在“阿呆”的右边画一个大大的感叹号以表示受到惊吓。此时，“惊吓”的表情就制作完成了，如图3-95所示。

25 执行【文件】→【存储为】命令，如图3-96所示。

26 将【文件名】改为“惊吓”,【格式】设置为PSD，单击【保存】按钮。

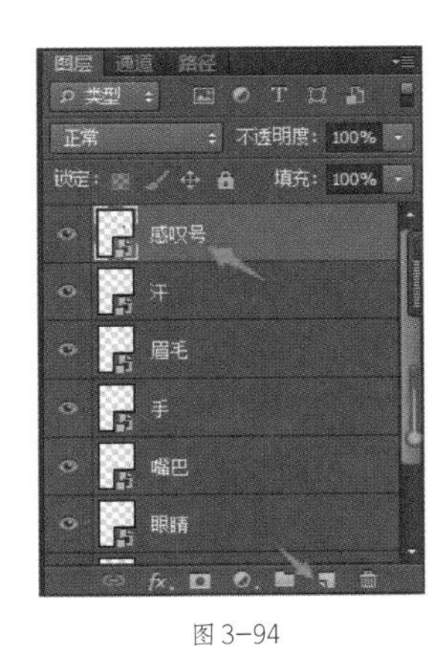

图 3-94

图 3-95

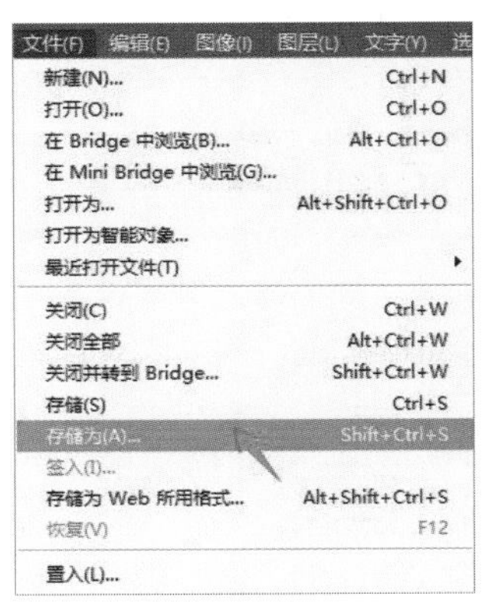

图 3-96

3.1.6 绘制“生无可恋”表情

01 打开PS，执行【文件】→【新建】命令，如图3-97所示。

02 单击【预设】右侧的下拉按钮，选择【国际标准纸张】，即A4大小，如图3-98所示。

图3-97

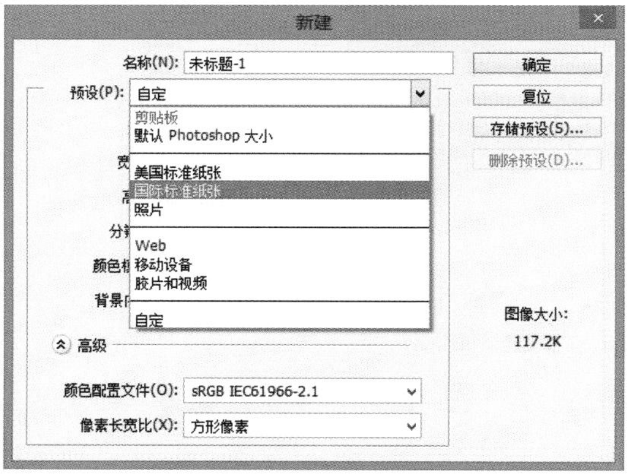

图3-98

03 此时【宽度】值为210毫米，【高度】值为297毫米，【分辨率】为300像素/英寸，【颜色模式】为RGB颜色，【背景内容】为白色，单击【确定】按钮，如图3-99所示。

04 用【钢笔工具】勾勒出“阿呆”的轮廓，身形向画面左侧弓，从而制作出向右转的视觉效果，如图3-100所示。

05 新建一个图层，使用【钢笔工具】画出眼睛。与其他表情不同，“生无可恋”表情的眼神应该是很无奈的、爱搭不理的，因此眼睛的形状应该为椭圆形，眼珠偏向画面左侧，与身形相同，如图3-101所示。

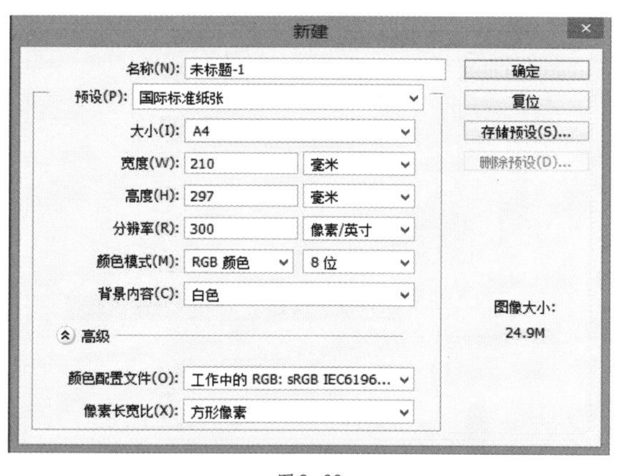

图3-99

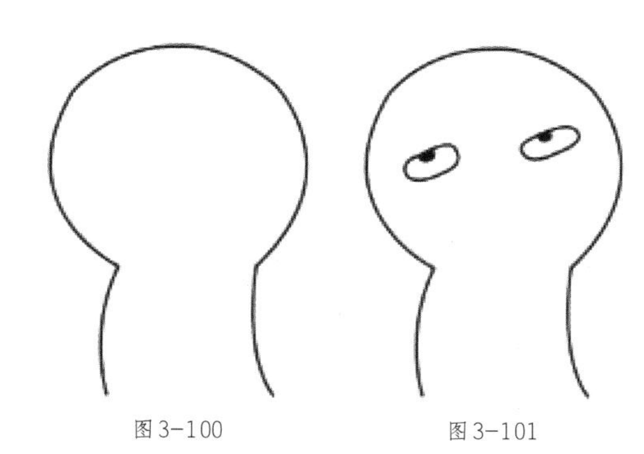

图3-100　　图3-101

06 嘴巴为一条直线，呈现出紧抿状，如图3-102所示。

07 至于手的部分，“阿呆”的左手还是原先那种短小的形状，右手要画出五指，并盖在左手上，做捂心状，如图3-103所示。

08 最要紧的是，要在嘴边画上鲜红色的血，画上长长的一条后，“生无可恋”的表情就完成了，如图3-104所示。

图3-102　　图3-103　　图3-104

09 将绘制好的图片保存为PSD格式，【文件名】为“生无可恋”。

3.1.7 绘制“送你小花花”表情

01 打开PS，执行【文件】→【新建】命令，如图3-105所示。

02 单击【预设】右侧的下拉按钮，选择【国际标准纸张】，即A4大小，如图3-106所示。

图3-105

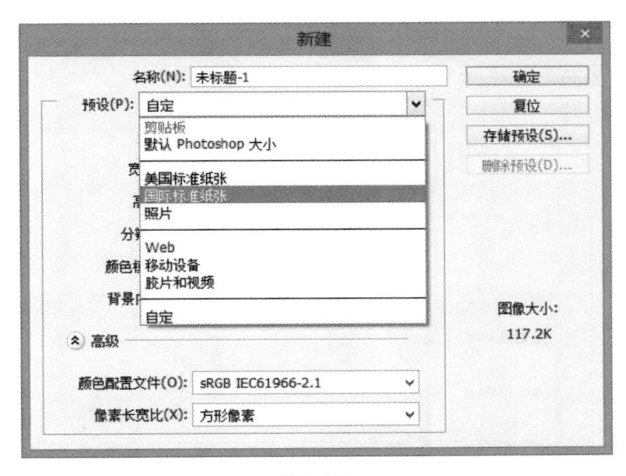

图3-106

03 此时【宽度】值为210毫米，【高度】值为297毫米，【分辨率】为300像素/英寸，【颜色模式】为RGB颜色，【背景内容】为白色，单击【确定】按钮，如图3-107所示。

04 执行【文件】→【打开】命令，如图3-108所示。

05 选中“阿呆”PSD文件后单击【打开】，如图3-109所示。

06 在打开的“阿呆”PSD文件中，单击名为“眼睛”的图层，将一对眼睛复制到新建文件中，如图3-110所示。

07 打开素材中提供的名为“我最美”的PSD文件，如图3-111所示。

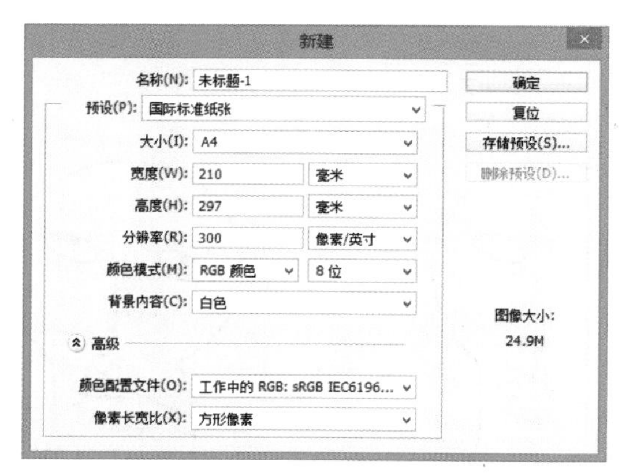

图 3-107

图 3-108

图 3-109

图 3-110

08 在“我最美”PSD文件中，将名为“脸蛋”的图层复制到新建文件中，如图3-112所示。

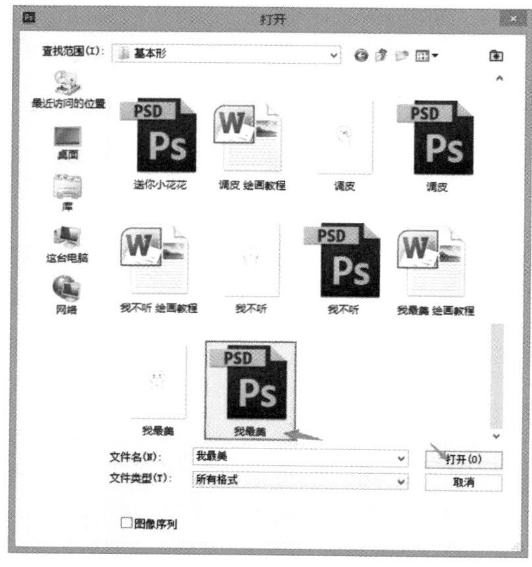

图 3-111

图 3-112

09 在新建文件中新建一个图层，选择工具栏中的【钢笔工具】，如图3-113所示。

10 新画一个“阿呆”的轮廓，但是这次将“阿呆”的手一起画上，如图3-114所示。

11 再新建一个图层，并将其命名为“嘴巴”。在此图层中画一张张开的嘴巴，类似于可爱的猫咪的嘴巴，如图3-115所示。

12 再新建一个图层，并将其命名为“花”。在此图层中画一朵黄色花蕊、红色花瓣的小花，将花置于“阿呆”的右手上，如图3-116所示。

图3-113

图3-114

图3-115

图3-116

13 “送你小花花”的表情就此完成，选择【文件】→【存储为】，将其保存为PSD文件，【文件名】为“送你小花花”。

3.2 制作“阿呆”动态表情包

在3.2节利用3.1节中制作的“阿呆”表情原型来制作动态表情包时，主要使用PS的时间轴功能，制作动画时应注意各图层的变化关系，注意调整好各层的停留时间，注意观察动画的最终效果是否达到了预期的要求。

3.2.1 制作“保持微笑”动态表情

01 打开PS，选择【文件】→【新建】，如图3-117所示。

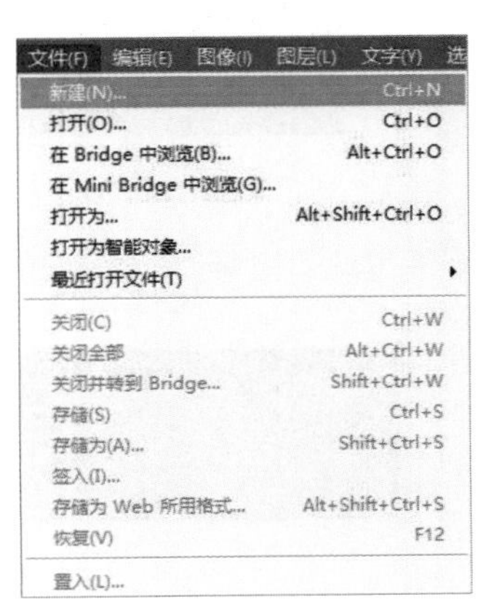

图3-117

02 将【宽度】和【高度】皆设置为200像素，【分辨率】设置为300像素/英寸，【颜色模式】设置为RGB颜色，【背景内容】设置为透明，调好数值后，单击【确定】，如图3-118所示。

03 将之前绘制好的保存为PSD格式的“阿呆”文件直接拖曳到PS新建的背景图层中，按【Enter】键确认。

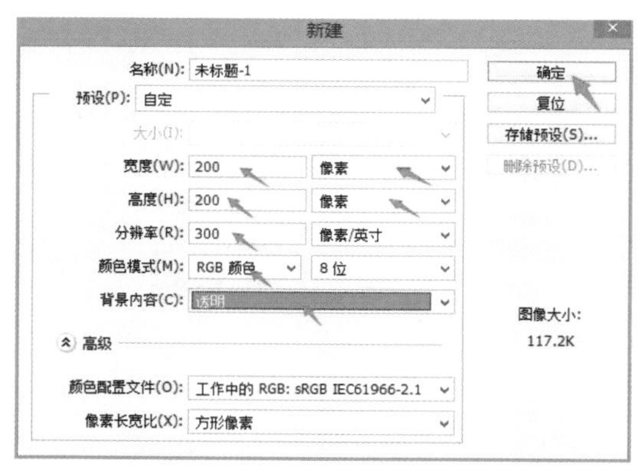

图 3-118

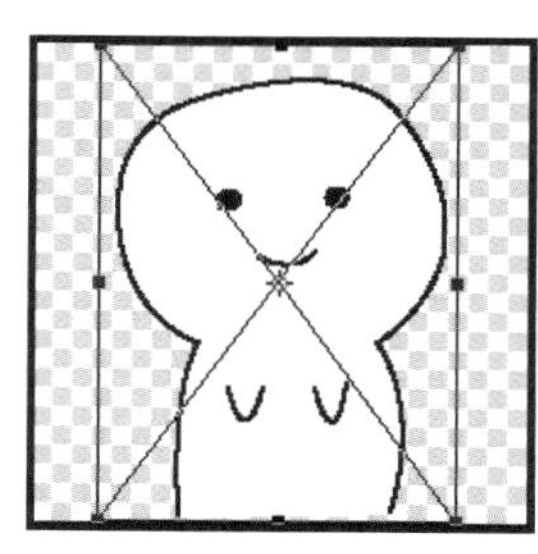

图 3-119

04 因为图片的位置适中，所以不必进行过多调节，只需如图3-119所示进行微调即可。

05 将文件夹中剩下两个名为“保持微笑1”“保持微笑2”的文件也拖曳到背景图层中，以左侧线条为基准，调整好位置，如图3-120所示。

06 单击菜单栏中的【窗口】，选择【时间轴】，如图3-121所示。

图 3-120

图 3-121

07 在下方出现的工具框中单击【创建帧动画】，如图3-122所示。

图 3-122

08 此时【时间轴】中将出现一个帧图层，单击【新建】图标，如图3-123所示。

09 因为有3个图层，所以再新建两个即可，选中第1个帧图层，如图3-124所示。

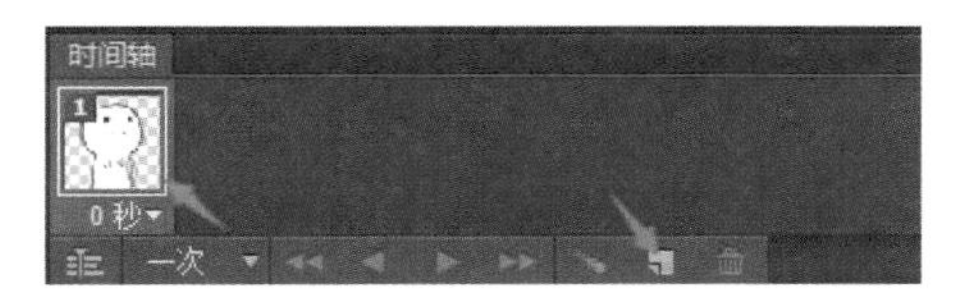

图3-123

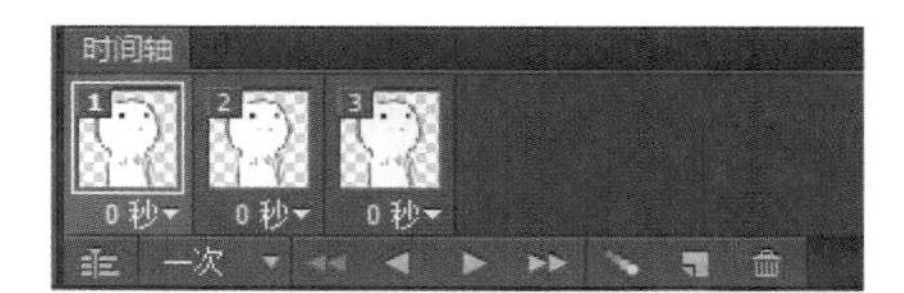

图3-124

10 在右侧的图层中选中名为“阿呆”的图层，并将另外两个图层前的【眼睛】图标关掉，如图3-125所示。

11 此时的表情就是“阿呆”原型，如图3-126所示。

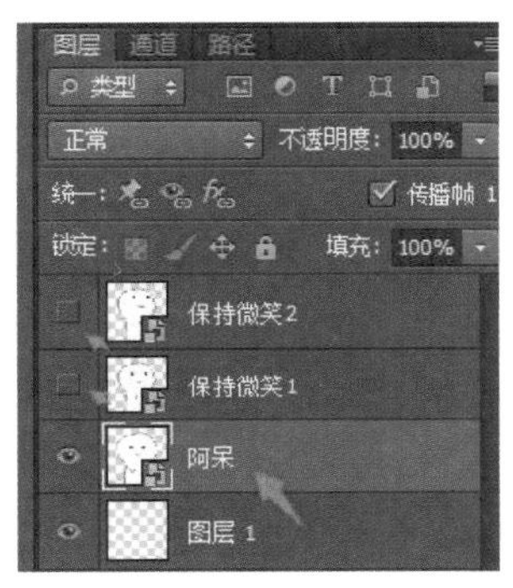

图3-125

图3-126

12 与之前的操作相同，选中第2个帧图层，如图3-127所示。

13 在右侧的图层中选中名为“保持微笑1”的图层，并将另外两个图层前的【眼睛】图标关掉，如图3-128所示。

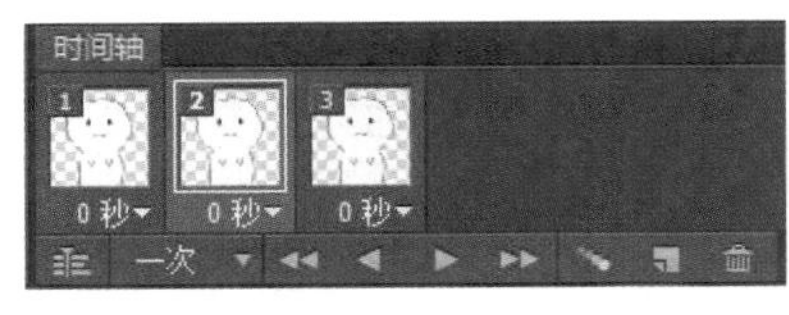

图3-127

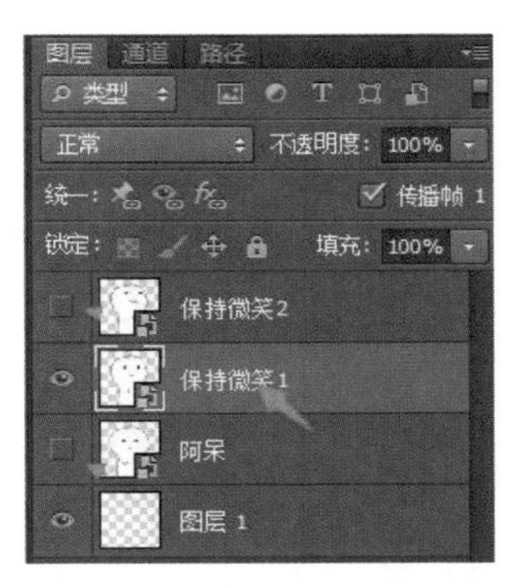

图3-128

14 此时的表情只是在原型的基础上稍微调整了一下轮廓的位置，使眼睛、嘴巴偏向右上角，两只手稍微倾斜，视觉上呈现侧身偏头的效果，如图3-129所示。

15 与之前的操作相同，选中第3个帧图层，如图3-130所示。

图 3-129

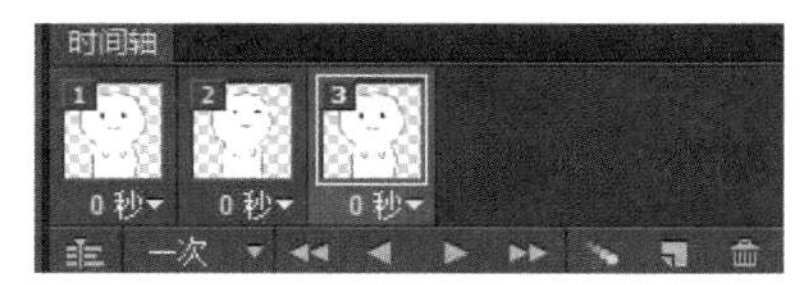

图 3-130

16 在右侧的图层中选中名为“保持微笑2”的图层，并将另外两个图层前的【眼睛】图标关掉，如图3-131所示。

17 此时的表情是在上一个表情的基础上进一步调整了轮廓位置，使眼睛、嘴巴再往右上角移动一些，两只手更倾斜一些，视觉上有45° 角仰头的效果，如图3-132所示。

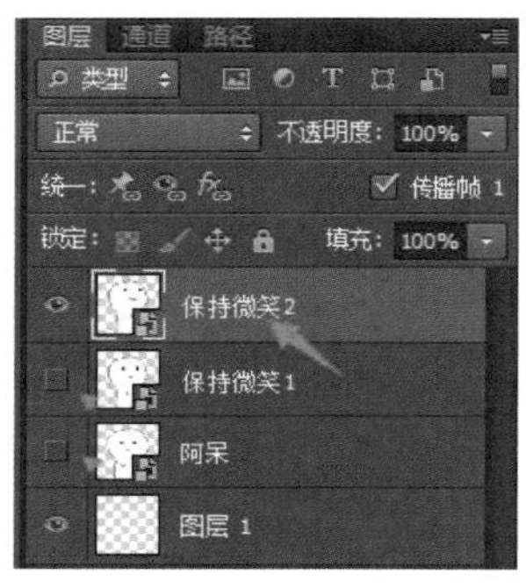

图 3-131

图 3-132

18 在帧图层上单击，调节每个表情停留的时间，暂定为0.2秒，如图3-133所示。

19 将第2个帧图层设置为0.2秒，第3个帧图层设置为0.5秒，单击【播放】图标预览，如图3-134所示。

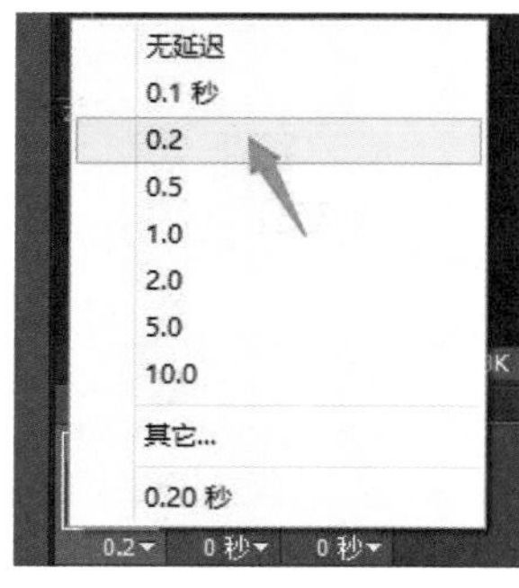

图 3-133

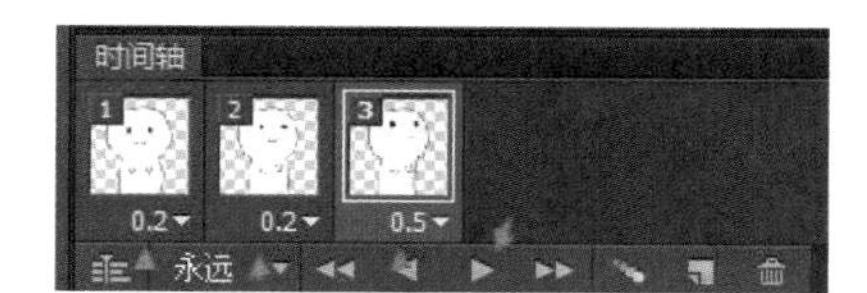

图 3-134

20 因为保持微笑的表情传达的是人的一种无奈感，所以动作上会给人感觉很迟缓，因此将时间改为0.5秒、0.5秒、1秒，如图3-135所示。

21 在时间轴的底部，打开【循环选项】下拉菜单，可设定表情的播放次数。这里可选择【永远】，使表情循环播放，如图3-136所示。

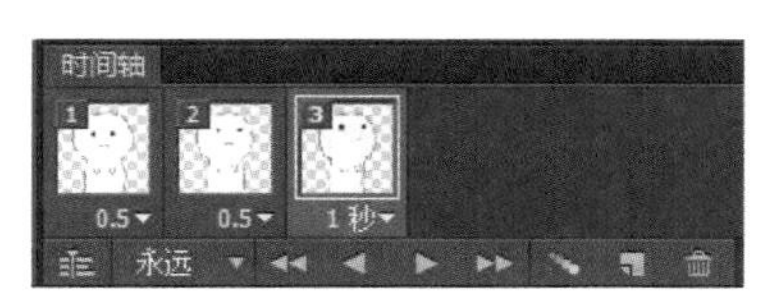

图 3-135

图 3-136

22 选择【文件】→【存储为】，如图3-137所示。

23 将【文件名】设置为“保持微笑 动态”，【格式】设置为PSD，单击【保存】，如图3-138所示。

图 3-137

图 3-138

24 单击【确定】，如图3-139所示，保存完毕。

25 选择【文件】→【存储为Web所用格式】，如图3-140所示。

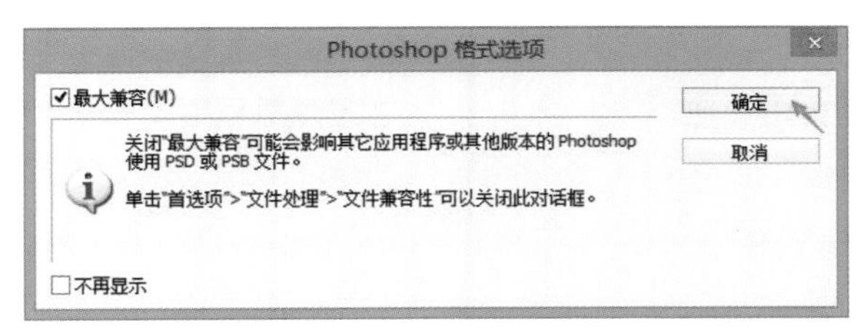

图 3-139

图 3-140

26 在右上角选择GIF格式，单击下方的【存储】，如图3-141所示。

27 单击【保存】，如图3-142所示。

28 单击【确定】按钮，如图3-143所示，即可完成动态表情的存储。

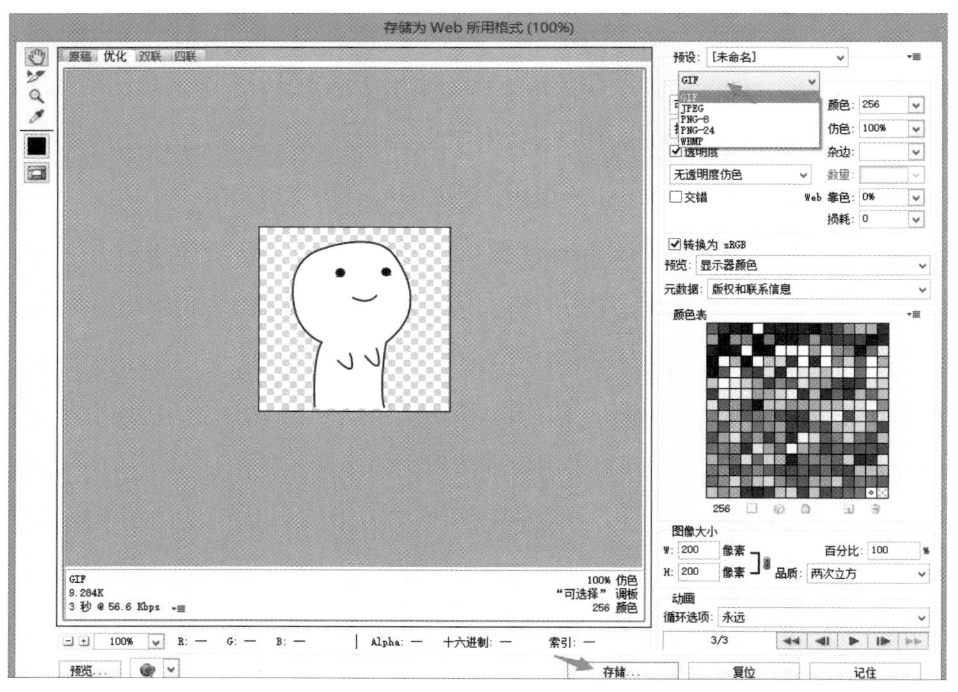

图 3-141

图 3-142

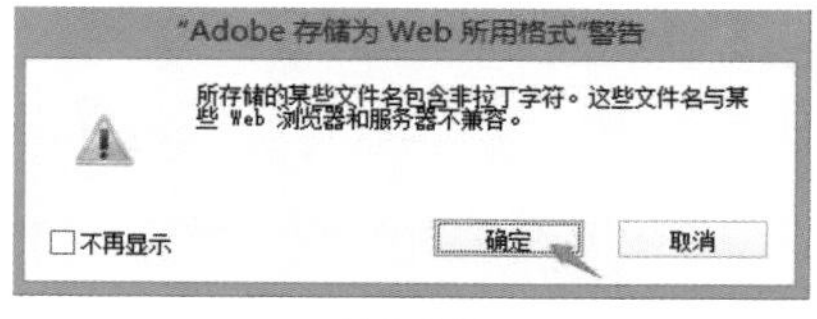

图 3-143

3.2.2 制作“抱抱”动态表情

01 打开PS，选择【文件】→【新建】命令，如图3-144所示。

02 将【宽度】和【高度】皆设置为200像素，【分辨率】设置为300像素/英寸，【颜色模式】设置为

RGB颜色，【背景内容】设置为透明，调好数值后，单击【确定】按钮，如图3-145所示。

图3-144

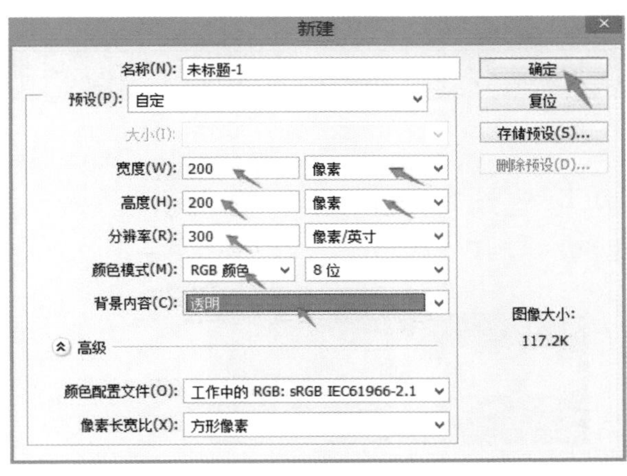

图3-145

03 打开绘制好的保存为PSD格式的“抱抱”文件，如图3-146所示。

04 调整“抱抱”文件中的胳膊，从向外改为向内，嘴巴改成闭着的，如图3-147所示，然后存储为PSD格式文件，命名为“抱抱1”。

05 调整“抱抱”文件，将胳膊向外伸开，嘴巴张开，如图3-148所示，然后存储为PSD格式文件，命名为“抱抱2”。

图3-146

图3-147

06 调整“抱抱”文件，让胳膊略向下，嘴巴半张，并在右上角加一个稍微小一点的“抱”字，如图3-149所示，然后存储为PSD格式文件，命名为“抱抱3”。

07 调整“抱抱”文件，让胳膊略向上，嘴巴全张，并在右上角加一个稍微大一点的“抱”字，如图3-150所示，然后存储为PSD格式文件，命名为“抱抱4”。

图3-148

图3-149

图3-150

08 将“抱抱1”“抱抱2”“抱抱3”“抱抱4”PSD文件依次拖曳到新建的文件中，按【Enter】键确定。单击【窗口】→【时间轴】，打开时间轴，单击下方的【创建帧动画】，如图3-151所示。

图 3-151

09 单击【新建】图标，再建3个帧图层，如图3-152所示。

10 选中第1个帧图层，如图3-153所示。

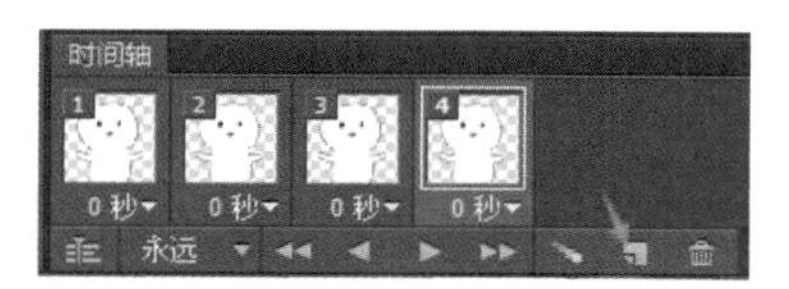

图 3-152

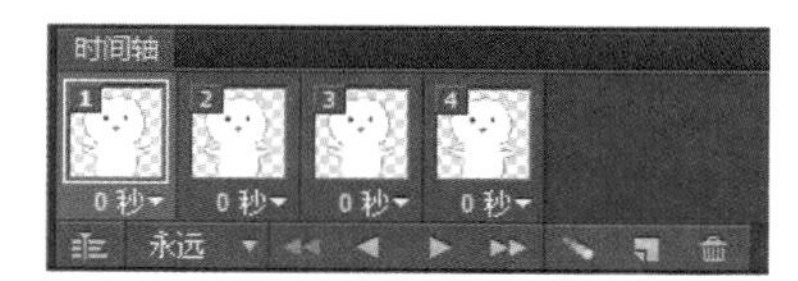

图 3-153

11 在右侧的图层中选中“抱抱1”图层，将剩下3层前的【眼睛】图标关闭，依次将剩下的图层调节好，如图3-154所示。

12 将4个图层的停留时间分别设置为0.2秒、0.1秒、0.2秒、0.2秒，【循环选项】设置为【永远】，如图3-155所示，“抱抱”的动态表情即制作完成。

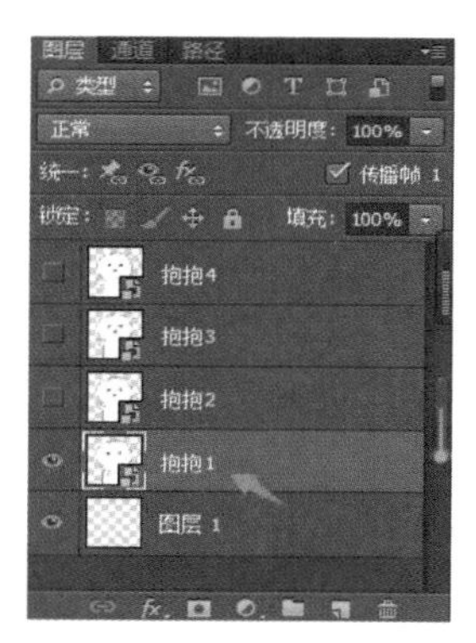

图 3-154

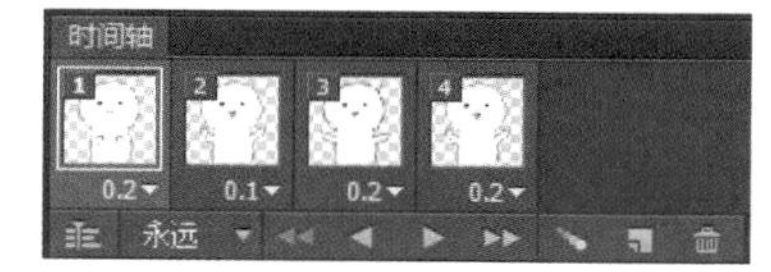

图 3-155

13 选择【文件】→【存储为】，将【文件名】设置为“抱抱 动态”，【格式】设置为PSD，单击【保存】。选择【文件】→【存储为Web所用格式】，设置为GIF格式，单击【存储】，再将动态表情保存到指定路径。

3.2.3 制作“飞吻”动态表情

01 选择【文件】→【新建】，如图3-156所示。

02 将【宽度】和【高度】数值设置为200像素，【分辨率】设置为300像素/英寸，【颜色模式】设置为RGB颜色，【背景内容】设置为透明，单击【确定】，如图3-157所示。

03 打开之前绘制好的“飞吻”PSD文件。

图 3-156

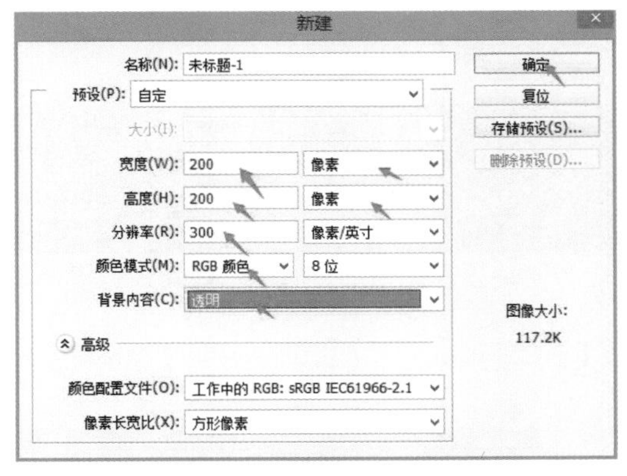

图 3-157

04 调整“飞吻”PSD文件，使“阿呆”的左手向内靠近嘴唇，如图3-158所示，存储为PSD格式文件，命名为“飞吻1”。

05 调整“飞吻”PSD文件，使“阿呆”的左手向外送出一颗较小的心，如图3-159所示，然后存储为PSD格式文件，命名为“飞吻2”。

06 调整“飞吻”PSD文件，使“阿呆”的左手向内，但是多了一颗略大的心，如图3-160所示，然后存储为PSD格式文件，命名为“飞吻3”。

图 3-158

图 3-159

图 3-160

07 调整“飞吻”PSD文件，使“阿呆”的左手向外，在原有的表情基础上又多了一颗更大的心，如图3-161所示，然后存储为PSD格式文件，命名为“飞吻4”。

08 按先后顺序将“飞吻1”“飞吻2”“飞吻3”“飞吻4”PSD文件依次拖曳到新建的文件中，按【Enter】键确定，如图3-162所示。

图 3-161

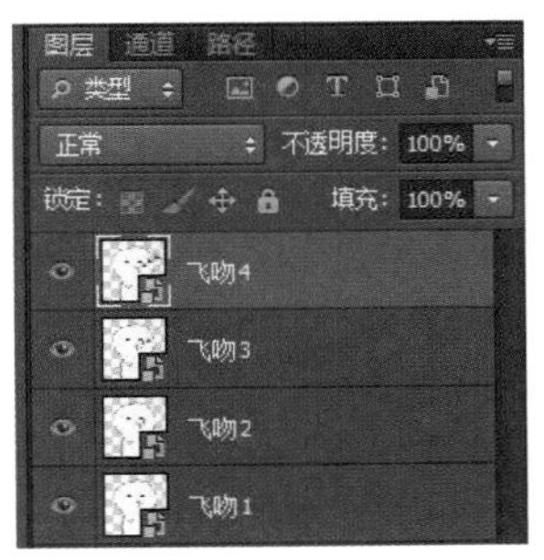

图 3-162

09 单击【窗口】→【时间轴】，打开时间轴，单击下方的【创建帧动画】，如图3-163所示。

图3-163

10 单击【新建】图标，再创建3个帧图层，如图3-164所示。

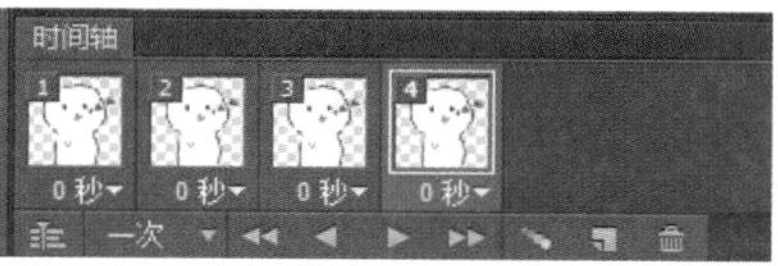

图3-164

11 选中第1个帧图层，如图3-165所示。

12 在右下角的图层中选中“飞吻1”图层，将剩下3层前的【眼睛】图标关闭，依次将剩下的3个图层调节好，如图3-166所示。

13 将4个图层的停留时间分别设置为0.2秒、0.1秒、0.2秒、0.1秒，【循环选项】设置为【永远】，如图3-167所示，“飞吻”的动态表情即制作完成。

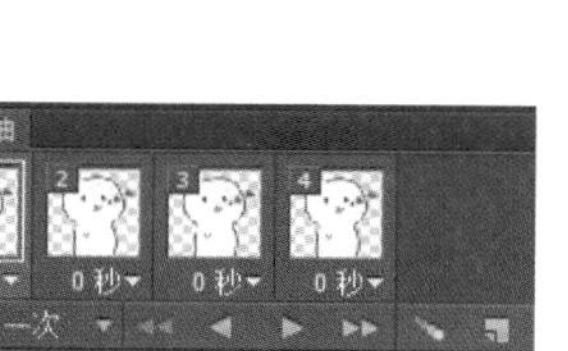

图3-165

图3-166

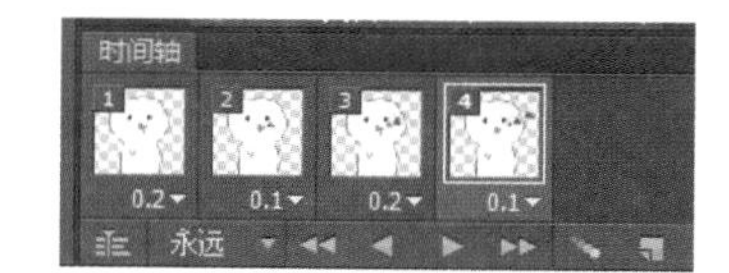

图3-167

14 选择【文件】→【存储为】，将【文件名】设置为“飞吻 动态”，【格式】设置为PSD，单击【保存】。选择【文件】→【存储为Web所用格式】，设置为GIF格式，单击【存储】，再将动态表情保存到指定路径。

3.2.4 制作“惊吓”动态表情

01 打开PS，执行【文件】→【新建】命令，如图3-168所示。

02 将【宽度】和【高度】皆设置为200像素，【分辨率】设置为300像素/英寸，【颜色模式】设置为RGB颜色，【背景内容】设置为透明，调好数值后，单击【确定】按钮，如图3-169所示。

图 3-168

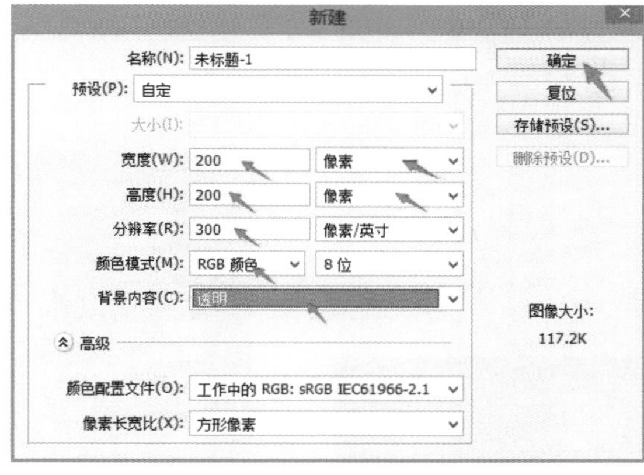

图 3-169

03 打开之前绘制好的保存为PSD格式的“惊吓”文件，如图3-170所示。

04 调整“惊吓”PSD文件，让“阿呆”的右胳膊向上，嘴巴和感叹号略小，眼睛下方的竖线略短，如图3-171所示，然后存储为PSD格式文件，命名为“惊吓1”。

05 调整“惊吓”PSD文件，让“阿呆”的右胳膊向下，嘴巴和感叹号略大，眼睛下方的竖线略长，如图3-172所示，然后存储为PSD格式文件，命名为“惊吓2”。

图 3-170

图 3-171

图 3-172

06 按先后顺序将“惊吓1”“惊吓2”PSD文件依次拖曳到新建的文件中，按【Enter】键确定。单击【窗口】→【时间轴】，打开时间轴，单击下方的【创建帧动画】，如图3-173所示。

图 3-173

07 单击【新建】图标，再建一个帧图层，如图3-174所示。

08 选中第1个帧图层，如图3-175所示。

09 在右下角的图层中选中“惊吓1”图层，将剩下1层前的【眼睛】图标关闭，依次将剩下的图层调节好，如图3-176所示。

图 3-174

10 将两个图层的停留时间分别设置为0.2秒、0.2秒，【循环选项】设置为【永远】，如图3-177所示，“惊吓”的动态表情即制作完成。

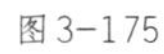
图3-175

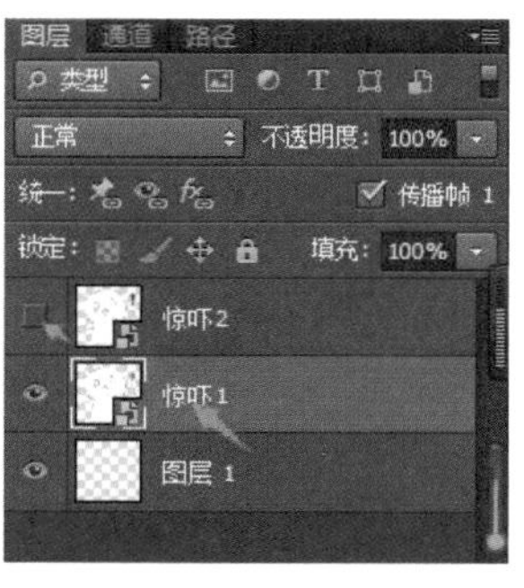

图3-176

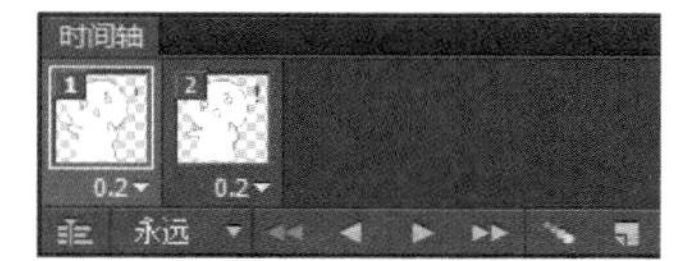

图3-177

11 选择【文件】→【存储为】，将【文件名】设置为“惊吓 动态”，【格式】设置为PSD，单击【保存】。选择【文件】→【存储为Web所用格式】，设置为GIF格式，单击【存储】，再将动态表情保存到指定路径。

3.2.5 制作“生无可恋”动态表情

01 打开PS，执行【文件】→【新建】命令，如图3-178所示。

02 将【宽度】和【高度】皆设置为200像素，【分辨率】设置为300像素/英寸，【颜色模式】设置为RGB颜色，【背景内容】设置为透明，调好数值后，单击【确定】按钮，如图3-179所示。

图3-178

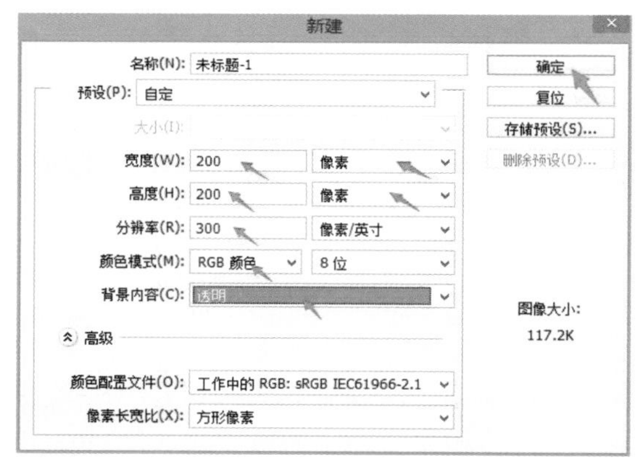

图3-179

03 打开之前绘制好的保存为PSD格式的“生无可恋”文件。

04 调整“生无可恋”PSD文件，将“阿呆”的右手放在体侧，呈张开状态，左手捂心，眼珠在偏向画面右侧位置，如图3-180所示，然后存储为PSD格式文件，命名为“生无可恋1”。

05 调整“生无可恋”PSD文件，将“阿呆”的右手放在胸前，覆在左手之上，眼珠稍微往画面左侧移动一点，如图3-181所示，然后存储为PSD格式文件，命名为“生无可恋2”。

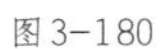

图3-180

图3-181

06 调整“生无可恋”PSD文件，将眼珠再稍微往画面左侧移动一点，如图3-182所示，然后存储为PSD格式文件，命名为“生无可恋3”。

07 调整“生无可恋”PSD文件，将眼珠再稍微往画面左侧移动一点，如图3-183所示，然后存储为PSD格式文件，命名为“生无可恋4”。

08 调整“生无可恋”PSD文件，将眼珠再稍微往画面左侧移动一点，嘴角流血，即“生无可恋”的表情原型，如图3-184所示，然后存储为PSD格式文件，命名为“生无可恋5”。

图3-182

图3-183

图3-184

09 按先后顺序将“生无可恋1”“生无可恋2”“生无可恋3”“生无可恋4”“生无可恋5”PSD文件依次拖曳到新建的文件中，按【Enter】键确定。单击【窗口】→【时间轴】，打开时间轴，单击下方的【创建帧动画】，如图3-185所示。

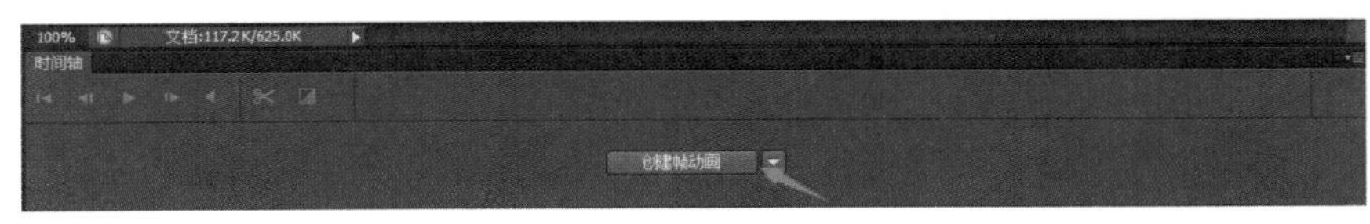

图3-185

10 单击【新建】图标，再建4个帧图层，如图3-186所示。

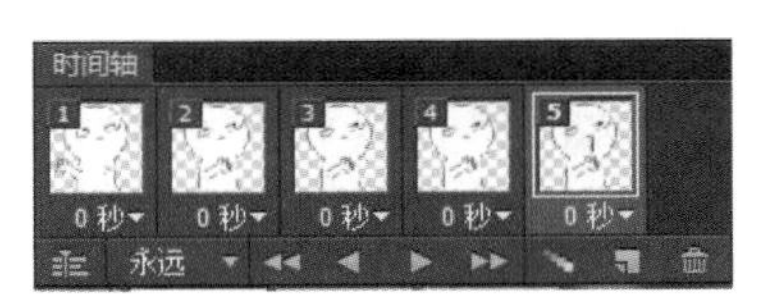

图3-186

11 选中第1个帧图层，如图3-187所示。

12 在右下角的图层中选中“生无可恋1”图层，将剩下4层前的【眼睛】图标关闭，依次将剩下的图层调节好。

13 将5个图层的停留时间分别设置为0.2秒、0.2秒、0.2秒、0.2秒、0.5秒，【循环选项】设置为【永远】，

“生无可恋”的动态表情即制作完成，如图3-188所示。

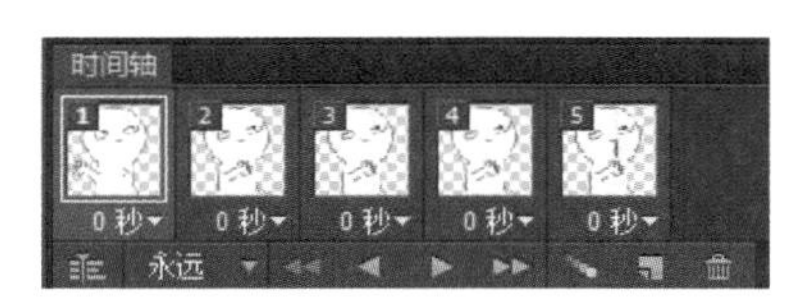

图 3-187

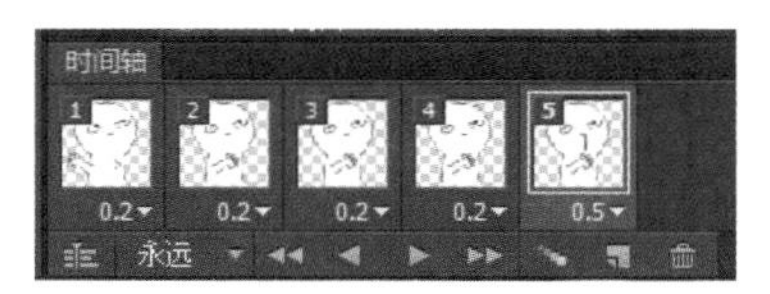

图 3-188

14 选择【文件】→【存储为】，将【文件名】设置为“生无可恋 动态”，【格式】设置为PSD，单击【保存】。选择【文件】→【存储为Web所用格式】，设置为GIF格式，单击【存储】，再将动态表情保存到指定路径。

3.2.6 制作“送你小花花”动态表情

01 打开PS，执行【文件】→【新建】命令，如图3-189所示。

02 将【宽度】和【高度】皆设置为200像素，【分辨率】设置为300像素/英寸，【颜色模式】为RGB颜色，【背景内容】设置为透明，调好数值后，单击【确定】按钮，如图3-190所示。

图 3-189

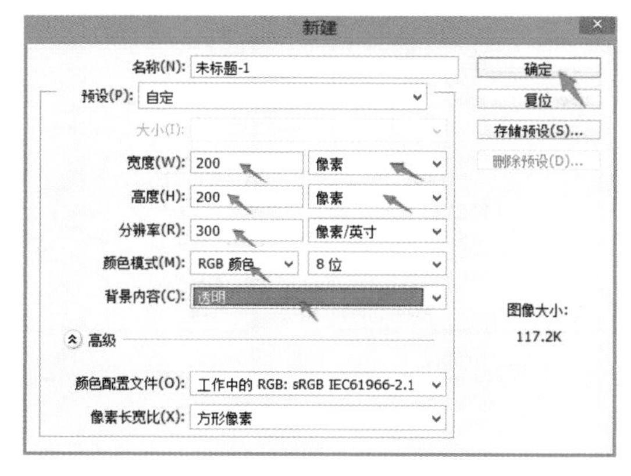

图 3-190

03 打开之前绘制好的保存为PSD格式的“送你小花花”文件。

04 调整“送你小花花”文件，让嘴呈半张开状，花朵位置偏上，如图3-191所示，然后存储为PSD格式文件，命名为“送你小花花1”。

05 调整“送你小花花”文件，让嘴巴呈全开状态，“阿呆”的右手微微向下，小花向下偏，但根茎与手之间的交点不变，如图3-192所示，然后存储为PSD格式文件，命名为“送你小花花2”。

图 3-191

图 3-192

06 调整“送你小花花”文件，让花朵位置偏上，眼睛是闭合的，如图3-193所示，然后存储为PSD格式文件，命名为“送你小花花3”。

图 3-193

07 调整“送你小花花”文件，让眼睛睁开，如图3-194所示，然后存储为PSD格式文件，命名为“送你小花花4”。

08 调整“送你小花花”文件，让眼睛闭上，如图3-195所示，然后存储为PSD格式文件，命名为“送你小花花5”。

09 调整“送你小花花”文件，让眼睛再睁开，这就是“送你小花花”的原型，如图3-196所示，然后存储为PSD格式文件，命名为“送你小花花6”。

图 3-194

图 3-195

图 3-196

10 按先后顺序将“送你小花花1”“送你小花花2”“送你小花花3”“送你小花花4”“送你小花花5”“送你小花花6”PSD文件依次拖曳到新建的文件中，按【Enter】键确定。单击【窗口】→【时间轴】，打开时间轴，单击下方的【创建帧动画】，如图3-197所示。

图 3-197

11 单击【新建】图标，再建5个帧图层，如图3-198所示。

12 选中第1个帧图层，如图3-199所示。

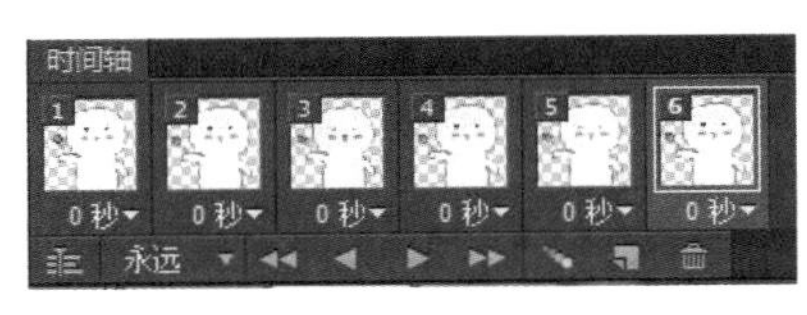

图 3-198

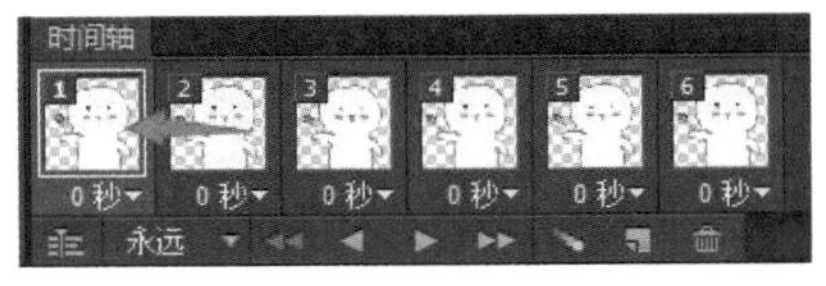

图 3-199

13 在右下角的图层中选中“送你小花花1”，将剩下5层前的【眼睛】图标关闭，依次将剩下的图层调节好。

14 将6个图层的停留时间分别设置为0.2秒、0.2秒、0.2秒、0.2秒、0.1秒、0.5秒，【循环选项】设置为【永远】，“送你小花花”的动态表情即制作完成，如图3-200所示。

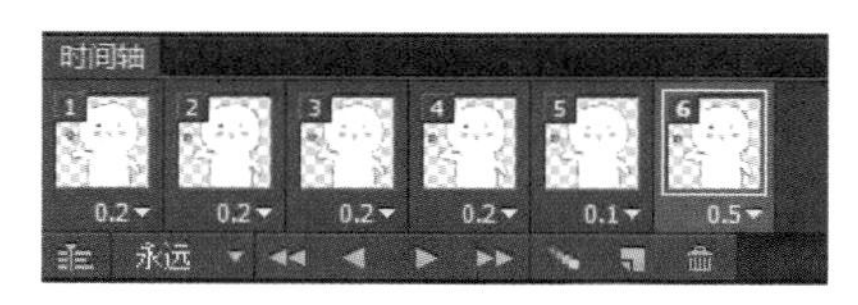

图3-200

15 选择【文件】→【存储为】，将【文件名】设置为“送你小花花 动态”，【格式】设置为PSD，单击【保存】。选择【文件】→【存储为Web所用格式】，设置为GIF格式，单击【存储】，再将动态表情保存到指定路径。

第4章　使用Adobe Illustrator制作动态表情包

我们将这个简单的表情形象定位成一个很可爱、很简单的小棉团，其造型以单纯的线条为主，色彩也以黑白两色为主，只是在脸部添加了两块黄色，十分讨人喜爱。由于这个表情形象十分可爱、呆萌，因此很多人十分喜爱它。

4.1 静态原型设计

在4.1节使用Adobe Illustrator（以下简称AI）制作表情包静态造型时，主要使用【钢笔工具】，在绘图的过程中，AI的【钢笔工具】与PS【钢笔工具】的使用方法相似，注意线条流畅和造型准确；在绘制不同的表情时，应注意各种表情的主要特征和信息传递的准确性；可以根据案例的制作过程进行调整，以绘制出与众不同的作品。

4.1.1 绘制“吃货”表情

首先为表情包制作分帧图。“吃货”表情共由7帧组成，我们在AI中制作这7帧的表情原型，然后在PS中进行动画制作。需要注意的是，制作完成的每一个文件都要保存到指定的路径文件夹中，并分别以1~7为文件命名，不要出现文件顺序混乱或通过路径找不到保存的文件的情况。具体制作步骤如下。

01 打开AI，选择【文件】→【新建】，为文件新建一个画板，将【大小】设置为A4，【取向】设置为竖版。

02 选择【钢笔工具】，为表情画一个轮廓，如图4-1所示。

03 选择【椭圆工具】，按住【Shift】键的同时画一个圆，作为表情的眼睛，如图4-2所示。

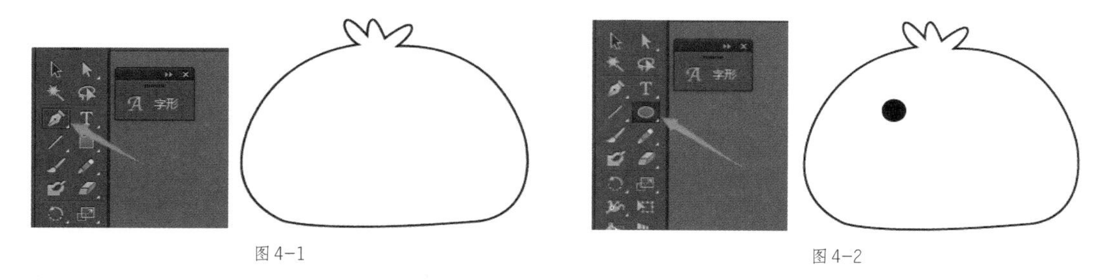

图4-1

图4-2

04 选中眼睛，单击鼠标右键，选择【变换】→【对称】，出现【镜像】对话框，单击【复制】，眼睛的绘制完成，如图4-3所示。

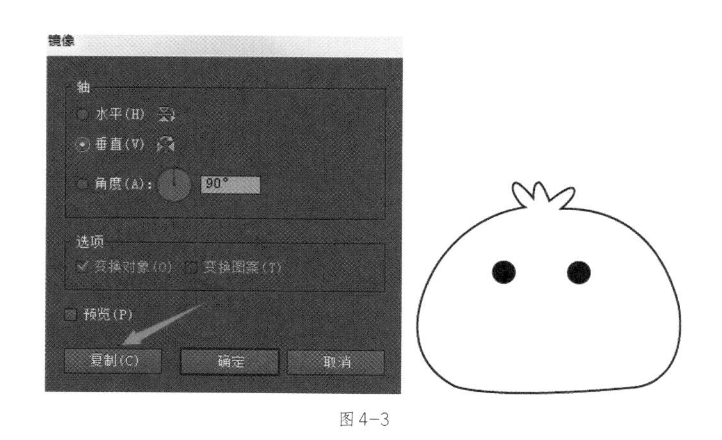

图4-3

05 接下来制作腮黄。选择【椭圆工具】，画一个椭圆。打开【拾色器】，单击【颜色色板】，找到C值为

5、M值为0、Y值为90、K值为0的黄色，并为椭圆填充该颜色，如图4-4所示。

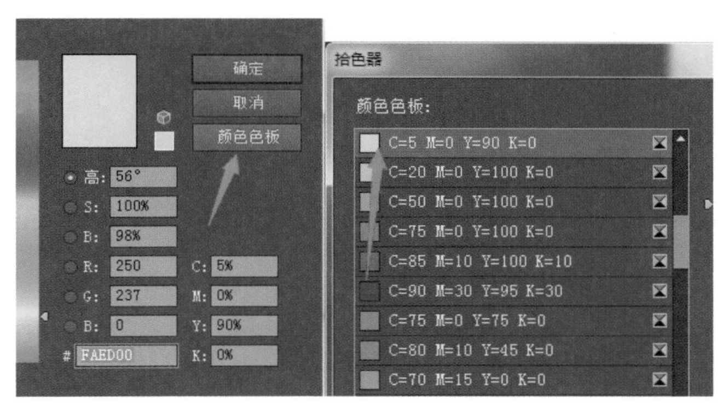

图4-4

06 制作好一侧腮黄后将其选中，单击鼠标右键，选择【变换】→【对称】，在出现的【镜像】对话框中单击【复制】，腮黄的制作完成，如图4-5所示。

07 选择【钢笔工具】，为表情画一张萌萌的嘴巴，如图4-6所示。

图4-5　　　　图4-6

08 选择【钢笔工具】，画出面包的形状并将填充颜色的【C】、【M】、【Y】、【K】值分别设置为49%、71%、79%、9%，如图4-7所示。

09 将描边的【C】、【M】、【Y】、【K】值分别设置为56%、76%、77%、23%，如图4-8所示。

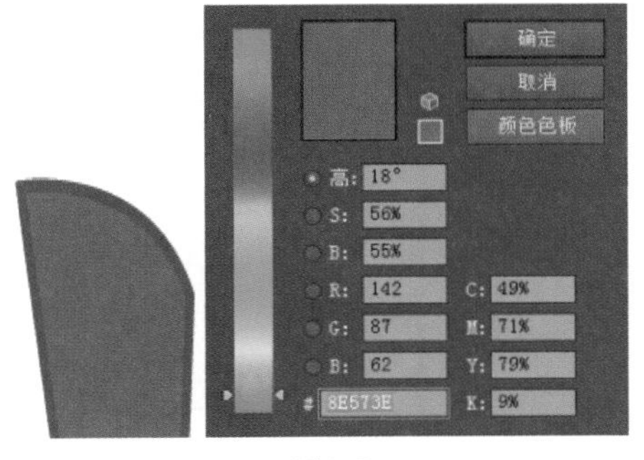

图4-7

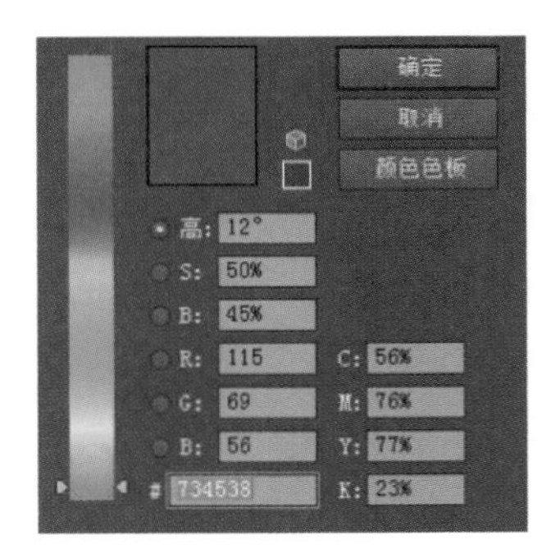

图4-8

10 继续使用【钢笔工具】画面包，将填充外层面包的颜色的【C】、【M】、【Y】、【K】值分别设置为1%、16%、34%、0%，如图4-9所示。

11 将描边的【C】、【M】、【Y】、【K】值分别设置为55%、76%、77%、21%，如图4-10所示。

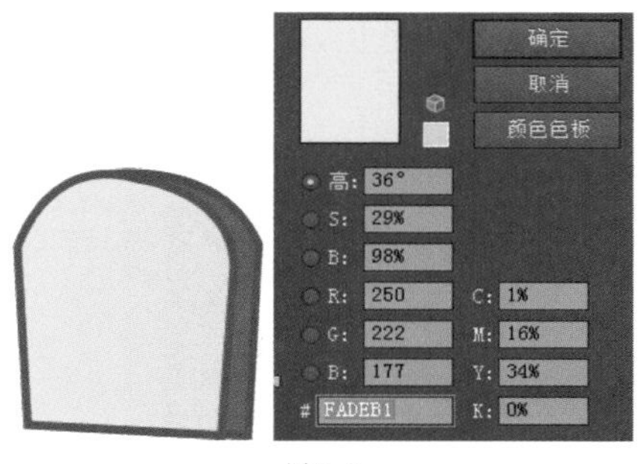

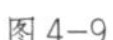

图4-9

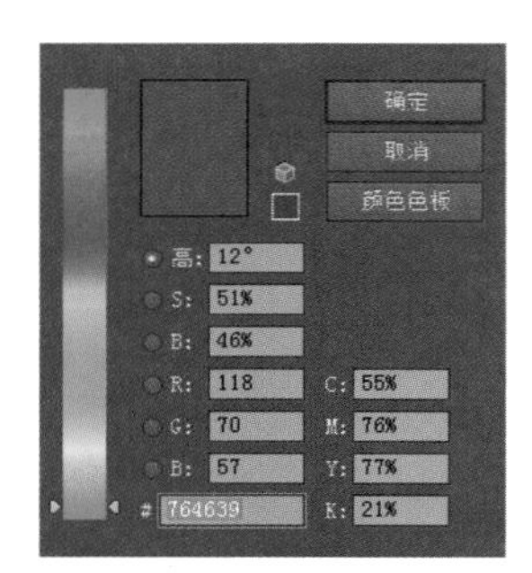

图4-10

12 为面包添加细节，无描边，将面包中心部分颜色的【C】、【M】、【Y】、【K】值分别设置为31%、62%、77%、0%。到此，面包制作完成，如图4-11所示。

13 用【钢笔工具】给表情画手，如图4-12所示。完成后选择【文件】→【存储为】，将文件存储到计算机中指定的位置。“吃货1”表情制作完成。

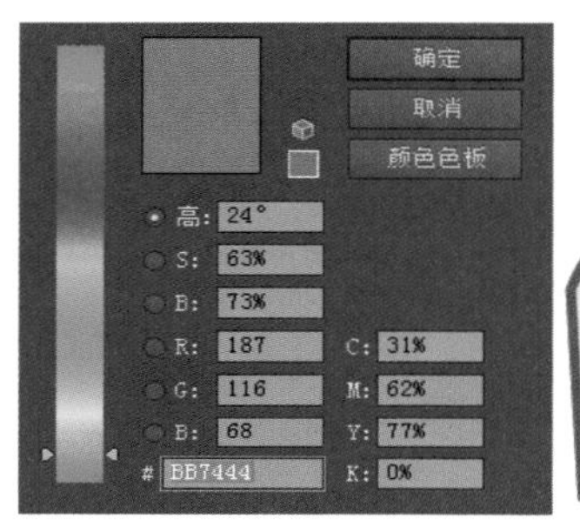

图4-11

图4-12

14 用【椭圆工具】将嘴巴改成一个小的椭圆，填充【C】、【M】、【Y】、【K】值分别为8%、45%、26%、0%的粉色并描边，如图4-13所示。

15 使用【选择工具】向嘴的方向微调手和面包的位置，如图4-14所示。选择【文件】→【存储为】，把表情存储到指定位置。“吃货2”表情制作完成。

16 使用【钢笔工具】将嘴巴改成描边数值为“1”、无填充的状态，同时用【选择工具】向上移动手和面包，选择【文件】→【存储为】，把表情存储到指定位置，如图4-15所示。“吃货3”表情制作完成。

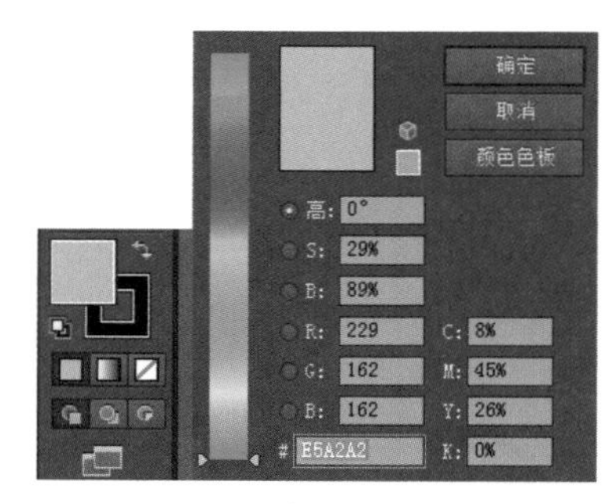

图4-13

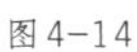

图4-14

图4-15

17 用【钢笔工具】对嘴巴和脸部进行微调，同时将面包调整至图4-16所示的形状，为表情画一颗【C】、【M】、【Y】、【K】值分别为0%、100%、100%、0%的红心，选择【文件】→【存储为】，把表情存储到指定位置。“吃货4”表情制作完成。

18 用【选择工具】将红心向左上方移动，同时用【直接选择工具】将头发部位向右拉，使表情更加生动，如图4-17所示。选择【文件】→【存储为】，把表情存储到指定位置。“吃货5”表情制作完成。

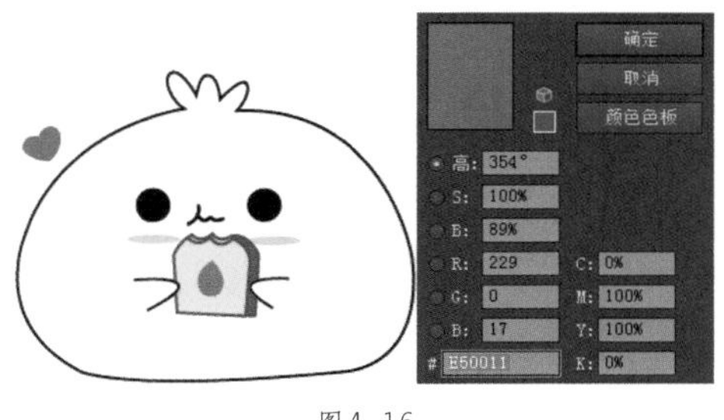

图4-16

图4-17

19 用【选择工具】单击红心，同时按住【Ctrl】+【C】键进行复制，然后单击复制好的红心并按住【Shift】键进行等比例缩小，最后微调头发，效果如图4-18所示。选择【文件】→【存储为】，把表情存储到指定位置。“吃货6”表情制作完成。

20 “吃货7”表情与“吃货4”表情的制作方法相同，制作完成后的效果如图4-19所示。选择【文件】→【存储为】，把表情存储到指定位置。至此，“吃货”表情动画分帧文件便制作完成了。

图4-18

图4-19

4.1.2 绘制“躲起来”表情

01 打开AI，选择【文件】→【新建】，为文件新建一个画板，将【大小】设置为A4，【取向】设置为竖版。

02 选择【钢笔工具】，为表情画一个轮廓，如图4-20所示。

03 选择【椭圆工具】，按住【Shift】键的同时画一个圆形，作为表情的眼睛，如图4-21所示。

图4-20

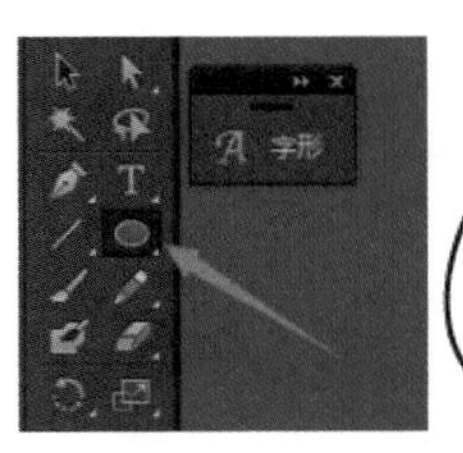

图4-21

04 选中眼睛，单击鼠标右键，选择【变换】→【对称】，出现【镜像】对话框，单击【复制】，眼睛的绘制完成，如图4-22所示。

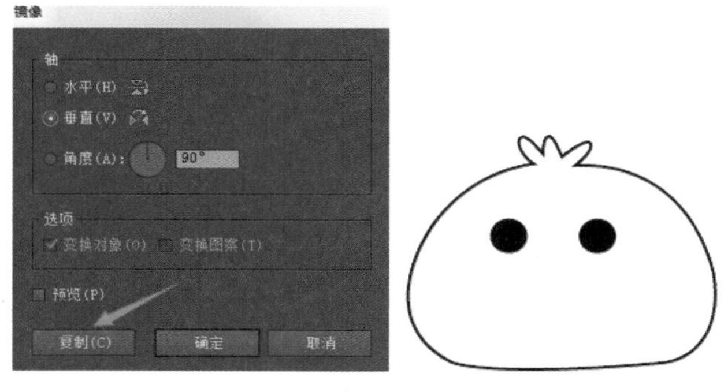

图 4-22

05 接下来制作腮黄。选择【椭圆工具】，画一个椭圆。打开【拾色器】，单击【颜色色板】，找到C值为5、M值为0、Y值为90、K值为0的黄色，并为椭圆填充该颜色，如图4-23所示。

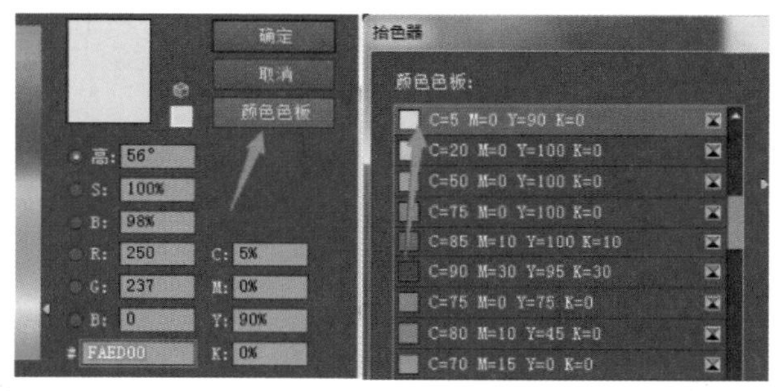

图 4-23

06 制作好一侧腮黄后将其选中，单击鼠标右键，选择【变换】→【对称】，在出现的【镜像】对话框中单击【复制】，另一侧腮黄的制作完成，如图4-24所示。

07 选择【钢笔工具】，为表情画嘴巴，如图4-25所示。

图 4-24　　图 4-25

08 用上述方法继续画两个小棉团，如图4-26所示。

图 4-26

09 选择【矩形工具】，在表情下方画一张桌子的面板，填充纯白色（【C】、【M】、【Y】、【K】值均为0%），并在上方描边，如图4-27所示。

图4-27

10 选择【横排文字工具】，给表情添加文字“躲！”。选择【文件】→【存储为】，把表情存储到指定位置。“躲1”表情动画分帧文件制作完成，如图4-28所示。

图4-28

11 用【直接选择工具】对左侧表情进行微调，选择【文件】→【存储为】，把表情存储到指定位置。“躲2”表情动画分帧文件制作完成，如图4-29所示。

躲！

图4-29

12 用【选择工具】将左侧表情向下平移，只露出头发部分，右侧表情略微向下平移。选择【文件】→【存储为】，把表情存储到指定位置。“躲3”表情动画分帧文件制作完成，如图4-30所示。

13 用【选择工具】将左侧表情完全平移至桌面下，同时将右侧表情向下平移至图4-31所示的位置。选择【文件】→【存储为】，把表情存储到指定位置。“躲4”表情动画分帧文件制作完成。

图4-30　　图4-31

14 用【选择工具】将右侧表情完全平移至桌面下。选择【文件】→【存储为】，把表情存储到指定位置。“躲5”表情动画分帧文件制作完成，如图4-32所示。

15 继续使用【选择工具】将中间的表情平移至图4-33所示位置。选择【文件】→【存储为】，把表情存储到指定位置。“躲6”表情动画分帧文件制作完成。

图4-32

躲！

图4-33

16 继续向下平移中间的表情。选择【文件】→【存储为】，把表情存储到指定位置。“躲7”表情动画分帧文件制作完成，如图4-34所示。

17 继续向下平移中间的表情至完全消失，选择【文件】→【存储为】，把表情存储到指定位置，“躲8”表情动画分帧文件制作完成，如图4-35所示。至此，“躲起来”表情动画分帧文件便制作完成了。

图4-34

躲！

图 4-35

4.1.3 绘制“好气哦”表情

01 打开AI软件，选择【文件】→【新建】，为文件新建一个画板，将【大小】设置为A4，【取向】设置为竖版。

02 选择【钢笔工具】，为表情画一个轮廓，如图4-36所示。

03 选择【椭圆工具】，按住【Shift】键的同时画一个圆形，作为表情的眼睛，如图4-37所示。

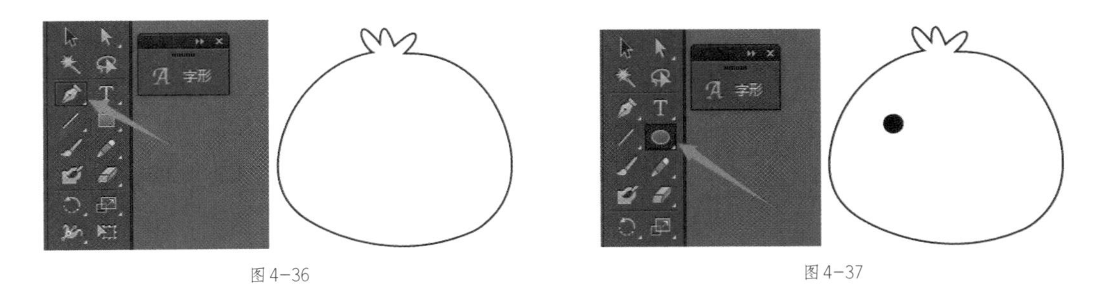

图 4-36　　图 4-37

04 选中眼睛，单击鼠标右键，选择【变换】→【对称】，出现【镜像】对话框，单击【复制】，眼睛的绘制完成，如图4-38所示。

05 用【钢笔工具】画眉毛和右眼（注：本章均根据“吃货”各身体部位在画面上的左、右位置来为其命名）下方的曲线，如图4-39所示。

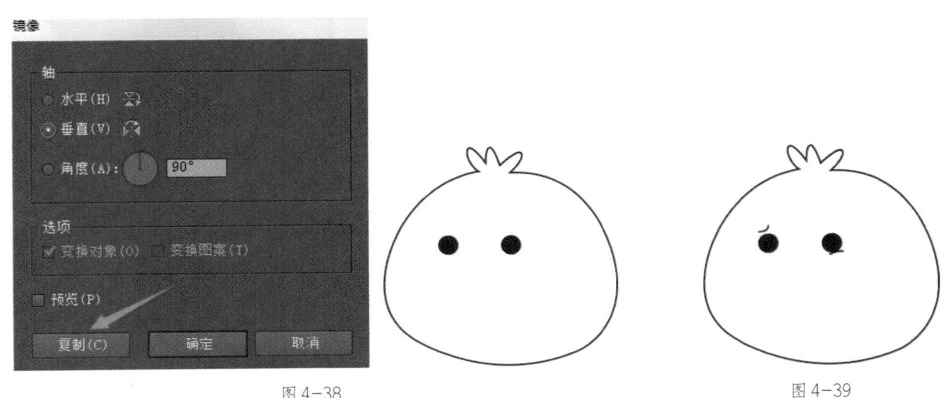

图 4-38　　图 4-39

06 接下来制作腮黄。选择【椭圆工具】，画一个椭圆。打开【拾色器】，单击【颜色色板】，找到C值为5、M值为0、Y值为90、K值为0的黄色，并为椭圆填充该颜色，如图4-40所示。

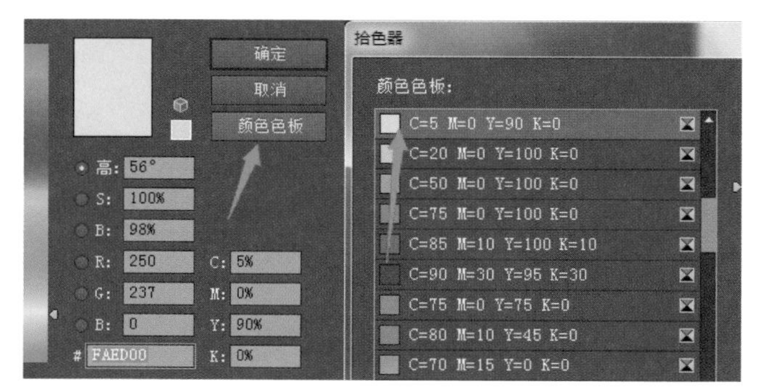

图4-40

07 制作好一侧腮黄后将其选中，单击鼠标右键，选择【变换】→【对称】，在出现的【镜像】对话框中单击【复制】，腮黄的制作完成，如图4-41所示。

08 选择【钢笔工具】，为表情画嘴巴。由于该表情形象不高兴，所以应注意嘴的位置与造型，如图4-42所示。

09 用【钢笔工具】给表情画手，如图4-43所示。

图4-41　　图4-42　　图4-43

10 选择【横排文字工具】，给表情添加文字，文字内容为“好气哦~”，字体可以根据自己的喜好选择，如图4-44所示。选择【文件】→【存储为】，把表情存储到指定位置，“好气哦”表情原型制作完成。

11 使用【直接选择工具】将红色圈中的锚点选中，将其向下拖到图4-45所示的位置，同时用【钢笔工具】对眉毛和眼睛进行调整。选择【文件】→【存储为】，把表情存储到指定位置，“好气哦1”表情动画分帧文件完成。

图4-44　　图4-45

12 用【钢笔工具】画一个图4-46所示的轮廓，并为其填充【C】、【M】、【Y】、【K】值均为0的白色，作为该表情形象吐出的气。选择【文件】→【存储为】，把表情存储到指定位置，“好气哦2”表情动画分帧文件制作完成。

13 用【直接选择工具】将表情的头部选中，并向上拖曳鼠标，如图4-47所示。选择【文件】→【存储为】，把表情存储到指定位置，“好气哦3”表情动画分帧文件制作完成。

14 使用【选择工具】将表情整体向上移。选择【文件】→【存储为】，把表情存储到指定位置，“好气哦4”表情动画分帧文件制作完成，如图4-48所示。

图4-46　　图4-47　　图4-48

15 用【选择工具】选中气的形状，将其向右移至图4-49所示的位置。选择【文件】→【存储为】，把表情存储到指定位置，“好气哦5”表情动画分帧文件制作完成。

16 用【选择工具】选中表情，并将其整体向下移。选择【文件】→【存储为】，把表情存储到指定位置，“好气哦6”表情动画分帧文件制作完成，如图4-50所示。

图4-49　　图4-50

17 “好气哦7”表情动画分帧文件的制作与“好气哦2”文件的制作步骤相同，制作完成后将“好气哦7”保存到指定位置即可。至此，“好气哦”表情动画分帧文件便制作完成了。

4.1.4 绘制“挥手”表情

01 打开AI软件，选择【文件】→【新建】，为文件新建一个画板，将【大小】设置为A4，【取向】设置为竖版。

02 选择【钢笔工具】，为表情画一个轮廓，如图4-51所示。

03 选择【椭圆工具】，按住【Shift】键，为表情画一只圆形的眼睛，如图4-52所示。

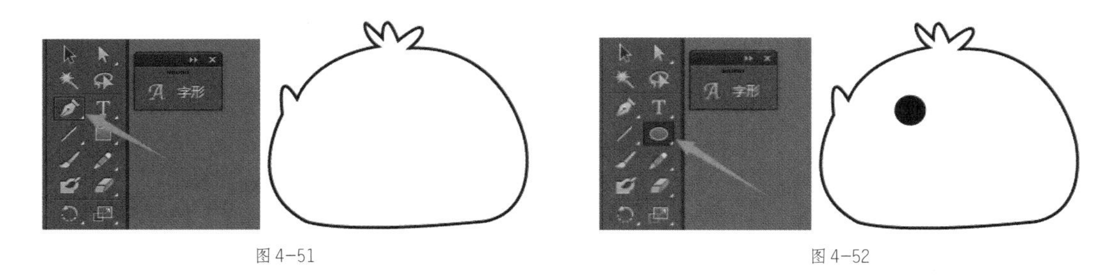

图4-51　　图4-52

04 选中眼睛，单击鼠标右键，选择【变换】→【对称】，出现【镜像】对话框，单击【复制】，会得到图4-53所示的形状，两只眼睛即制作完成。

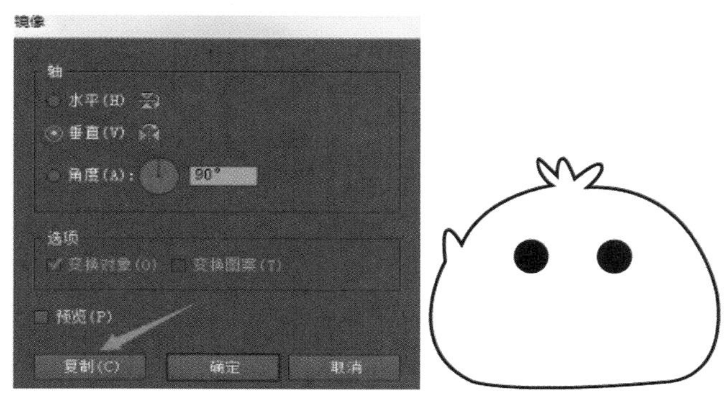

图4-53

05 接下来制作腮黄。选择【椭圆工具】，画一个椭圆。打开【拾色器】，单击【颜色色板】，找到C值为5、M值为0、Y值为90、K值为0的黄色，并为椭圆填充该颜色，如图4-54所示。

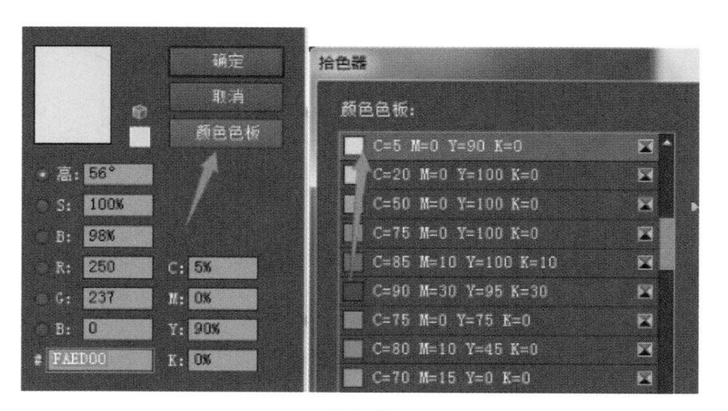

图4-54

06 制作好一侧腮黄后将其选中，单击鼠标右键，选择【变换】→【对称】，在出现的【镜像】对话框中单击【复制】，腮黄的制作完成，如图4-55所示。

07 选择【钢笔工具】，为表情绘制一张张开的嘴，注意观察嘴的特征，如图4-56所示。

08 选择【钢笔工具】，为表情画手。选择【文件】→【存储为】，把表情存

图4-55

储到指定位置。“挥手1”表情原型制作完成，如图4-57所示。

09 切换至【直接选择工具】，同时选中表情左手上的两个锚点（按住【Shift】键的同时单击两个锚点），将其向下拉到图4-58所示的位置。选择【文件】→【存储为】，把表情存储到指定位置，“挥手2”表情动画分帧文件制作完成。至此，“挥手”表情动画分帧文件便制作完成了。

图4-56　　图4-57　　图4-58

4.1.5 绘制“开心”表情

01 打开AI软件，选择【文件】→【新建】，为文件新建一个画板，将【大小】设置为A4，【取向】设置为竖版。

02 选择【钢笔工具】，为表情画一个轮廓，如图4-59所示。

03 选择【椭圆工具】，按住【Shift】键，为表情画一只圆形的眼睛，如图4-60所示。

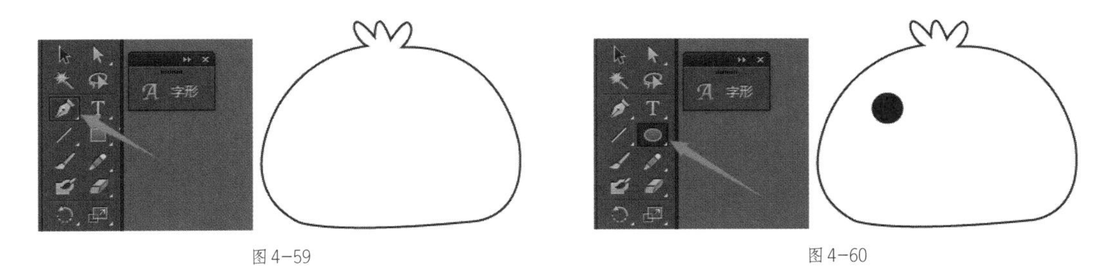

图4-59　　图4-60

04 选中眼睛，单击鼠标右键，选择【变换】→【对称】，出现【镜像】对话框，单击【复制】，会得到图4-61所示的形状，两只眼睛即制作完成。

图4-61

05 接下来制作腮黄。选择【椭圆工具】，画一个椭圆。打开【拾色器】，单击【颜色色板】，找到C值为5、M值为0、Y值为90、K值为0的黄色，并为椭圆填充该颜色，如图4-62所示。

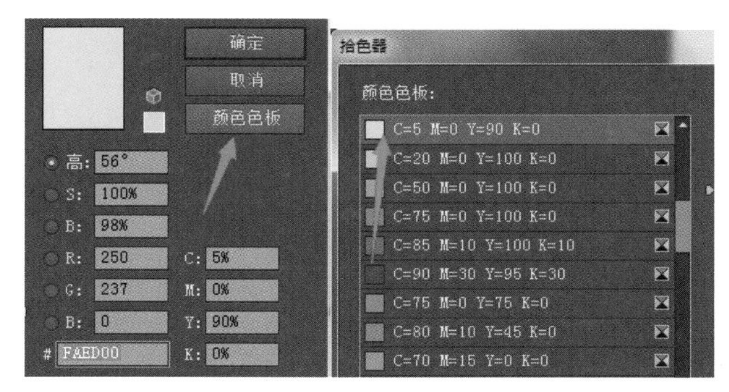

图4-62

06 制作好一侧腮黄后将其选中，单击鼠标右键，选择【变换】→【对称】，在出现的【镜像】对话框中单击【复制】，腮黄的制作完成，如图4-63所示。

07 用【钢笔工具】为表情画嘴，如图4-64所示。

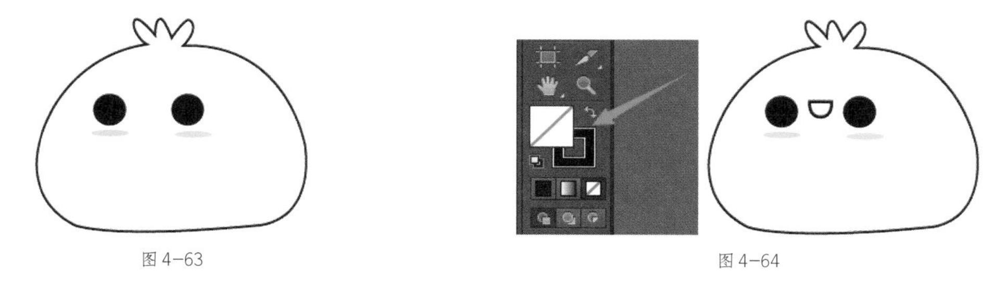

图4-63　　图4-64

08 选择【钢笔工具】，为表情画手，如图4-65所示。选择【文件】→【存储为】，将文件保存到指定位置。“开心”表情原型及表情动画的第1个静态帧“开心1”制作完成。

09 用【钢笔工具】将眼睛调整至图4-66所示的形状，接着用【直接选择工具】向下拉手部；将头发部位整体选中并用【直接选择工具】将其向右移动至图4-66所示的位置。选择【文件】→【存储为】，把表情存储到指定位置，“开心2”表情动画分帧文件制作完成。

10 用【直接选择工具】将头发向左移动至图4-67所示的位置，同时用【选择工具】选中手部（对两只手的操作相同），单击鼠标右键，选择【变换】→【对称】，在出现的【镜像】对话框中单击【复制】，然后用【直接选择工具】进行微调。选择【文件】→【存储为】，把表情存储到指定位置，“开心3”表情动画分帧文件制作完成。

图4-65　　图4-66　　图4-67

11 使用【直接选择工具】选中表情，将表情整体稍微向右移动一些，如图4-68所示。选择【文件】→【存储为】，把表情存储到指定位置，“开心4”表情动画分帧文件制作完成。

12 使用【直接选择工具】将表情继续向右拉，同时用【直接选择工具】将头发的左侧分支向下移动一些，如图4-69所示。选择【文件】→【存储为】，把表情存储到指定位置。“开心5”表情动画分帧文件制作完成。

13 使用【钢笔工具】将表情左脸轮廓移至图4-70所示的位置。选择【文件】→【存储为】，把表情存储到指定位置，“开心6”表情动画分帧文件制作完成。至此，“开心”表情动画分帧文件便制作完成了。

图 4-68

图 4-69

图 4-70

4.1.6 绘制“陪我玩”表情

01 打开AI软件，选择【文件】→【新建】，为文件新建一个画板，将【大小】设置为A4，【取向】设置为竖版。

02 选择【钢笔工具】，为表情画一个轮廓，如图4-71所示。

03 选择【椭圆工具】，为表情画眼睛，如图4-72所示。

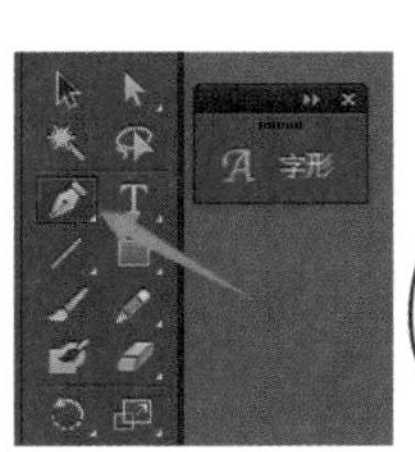

图 4-71

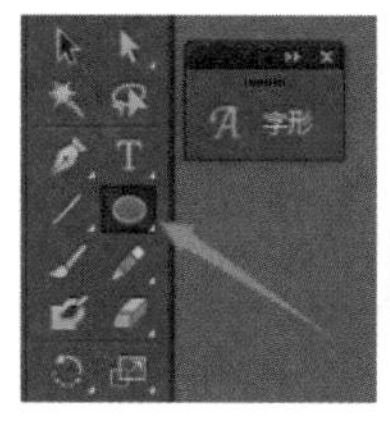

图 4-72

04 选中眼睛，单击鼠标右键，选择【变换】→【对称】，出现【镜像】对话框，单击【复制】，眼睛的绘制完成，如图4-73所示。

05 接下来制作腮黄。选择【椭圆工具】，画一个椭圆。打开【拾色器】，单击【颜色色板】，找到C值为5、M值为0、Y值为90、K值为0的黄色，并为椭圆填充该颜色，如图4-74所示。

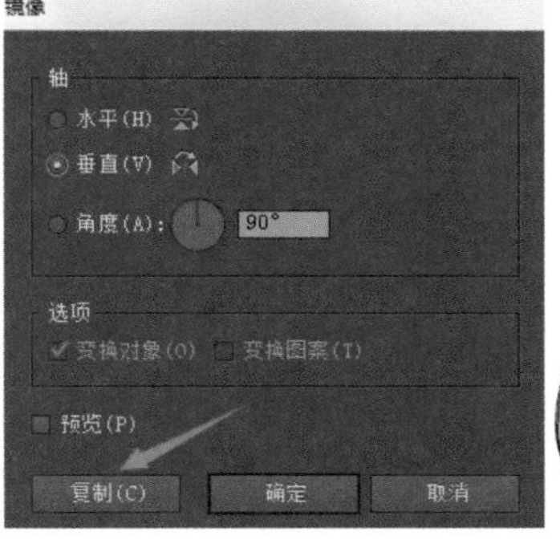

图 4-73

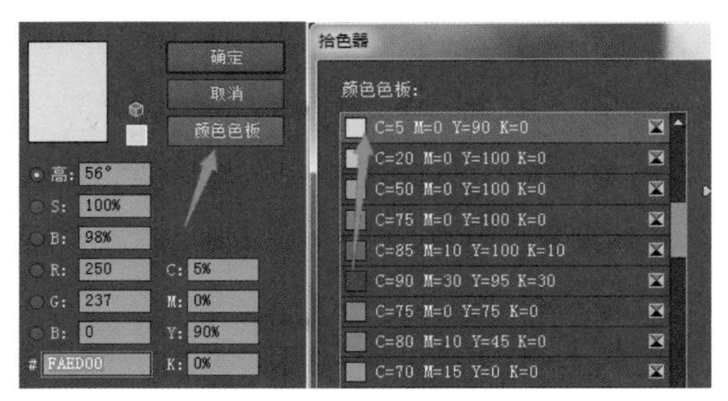

图 4-74

06 制作好一侧腮黄后将其选中，单击鼠标右键，选择【变换】→【对称】，在出现的【镜像】对话框中单击【复制】，腮黄的制作完成，如图4-75所示。

07 用【钢笔工具】为表情画一张萌萌的、上翘的嘴巴，如图4-76所示。

图 4-75　　图 4-76

08 选择【钢笔工具】，在大的表情形象的上面画一个小的表情形象，如图4-77所示。

09 用相同的方法给小的表情形象添加面部表情，头发部分的颜色【C】、【M】、【Y】、【K】值分别设置为4%、96%、38%、0%，如图4-78所示。

图 4-77　　图 4-78

10 选择【横排文字工具】，给表情添加文字，文字内容为“陪我玩”，字体样式可以根据自己的喜好来设置，如图4-79所示。选择【文件】→【存储为】，把表情存储到指定位置，“陪我玩1”表情动画分帧文件制作完成。

11 切换至【直接选择工具】，同时选中表情手部和头部的锚点（按住【Shift】键的同时单击两个锚点，图4-80所示画圈位置），然后向中间位置收，完成“陪我玩2”表情动画分帧文件的制作。选择【文件】→【存储为】，把表情存储到指定位置。

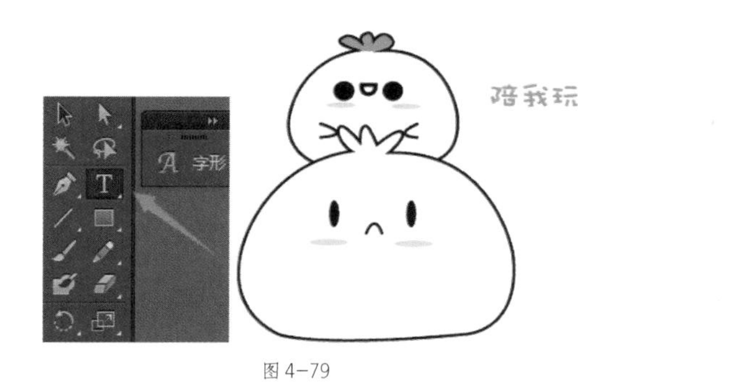

图 4-79

图 4-80

12 继续使用【直接选择工具】，将表情的头发向中间收，同时用【钢笔工具】将眼睛调整至图4-81所示的形状，完成“陪我玩3”表情动画分帧文件的制作。选择【文件】→【存储为】，把表情存储到指定位置。

13 如图4-82所示，在“陪我玩3”表情动画分帧文件的基础上，用【钢笔工具】在头发两侧画两条线，模拟头发运动的效果，眼睛恢复到椭圆形状。选择【文件】→【存储为】，把表情存储到指定位置，“陪我玩4”表情动画分帧文件制作完成。至此，“陪我玩”表情动画分帧文件便制作完成了。

图 4-81

图 4-82

4.2 使用PS制作动态表情包

在4.2节中，将在4.1节中用AI制作的动画分帧文件导入PS中，以制作动画。制作动画时主要使用PS的时间轴功能，制作时应注意将各图层中的图像文件对齐，经常用【播放】功能来预览动画效果。对动画效果感到满意后，选择【文件】→【存储为Web所用格式】进行存储时，应注意【像素】设置选项和【循环选项】设置选项。最后可将保存的GIF文件发布到网上，使用计算机或手机直接观看表情动画。

4.2.1 制作“吃货”动态表情

01 打开PS，选择【文件】→【新建】，新建一个纸张【大小】为A4的文件，如图4-83所示。

02 选择【文件】→【打开】，将之前在AI中做好的7个“吃货”表情动画分帧文件（具体教程详见基本原型制作过程）依次导入PS中，如图4-84所示。

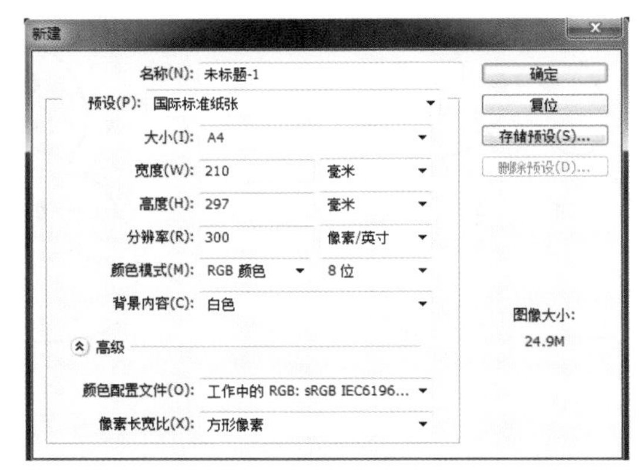

图 4-83

03 使用【移动工具】将导入的7个文件移动到同一个背景下并对齐，从而形成不同的图层，如图4-85所示。

图 4-84

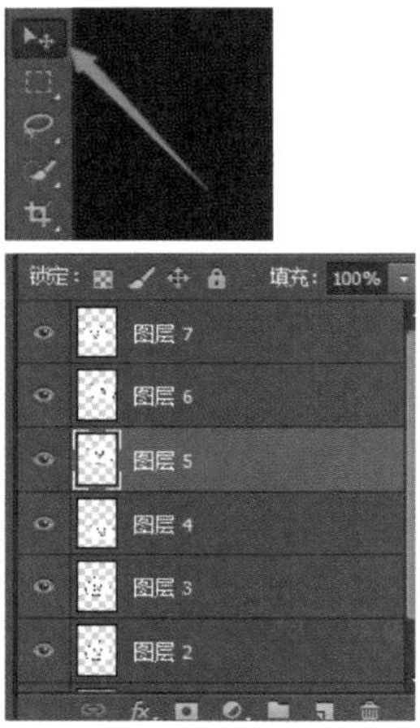

图 4-85

04 选择【窗口】→【时间轴】，将时间轴打开，如图4-86所示。

05 单击【时间轴】面板右上角的图标，选择【新建帧】(有几帧动画就新建几帧)，如图4-87所示。

06 每一帧只对应显示一个图层，如第1帧只显示图层1，第2帧只显示图层2，依此类推，将不必显示的图层前面的【眼睛】图标关掉即可，如图4-88所示。

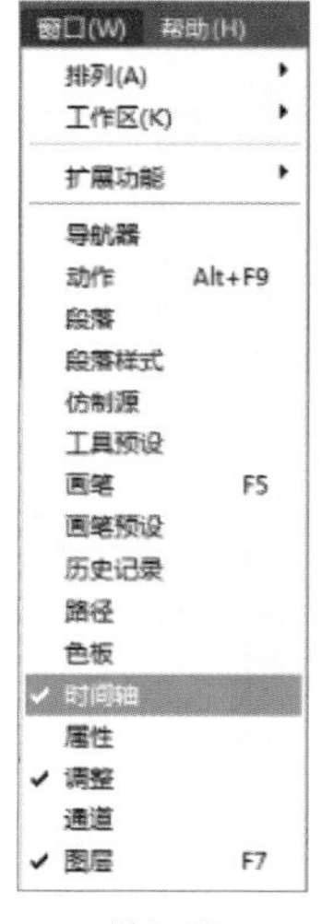

图 4-86

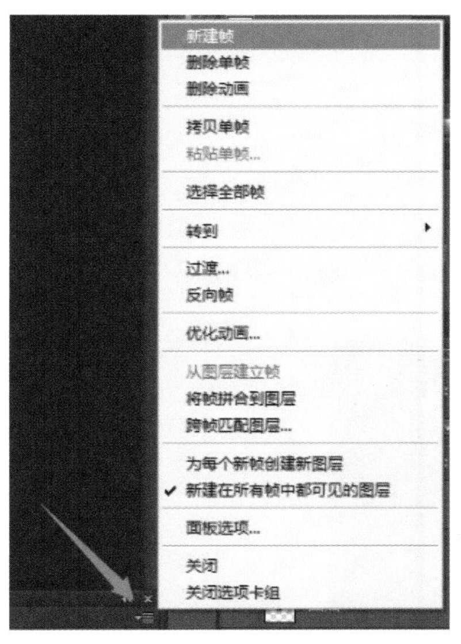

图 4-87

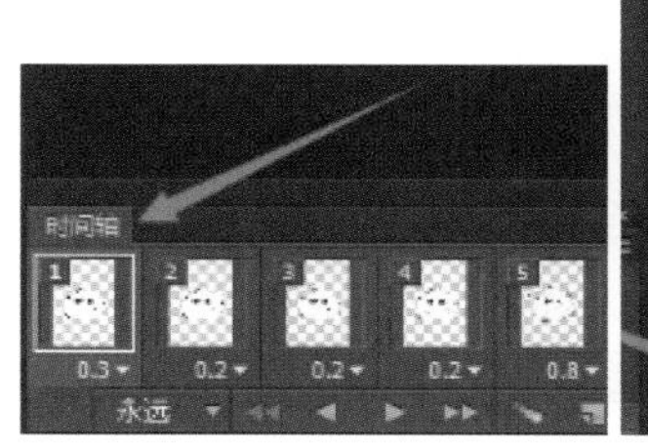

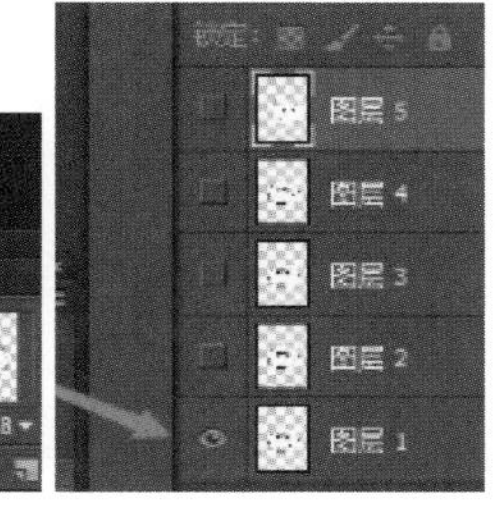

图 4-88

07 直接单击每一帧下方的时间数字，即可为每一帧设定持续时间，如图4-89所示。

08 将【循环选项】设置为【永远】，单击【播放】图标，预览动画效果，如图4-90所示。

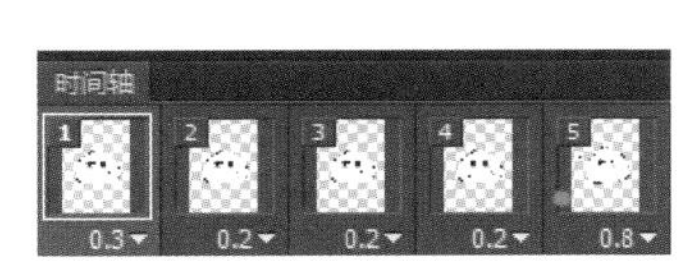

图 4-89

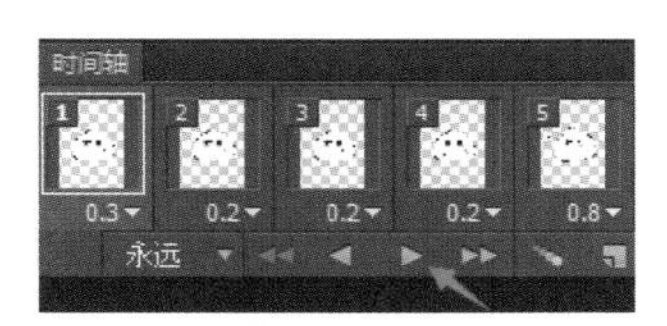

图 4-90

09 选择【文件】→【存储为Web所用格式】，设置为GIF格式，单击【存储】，将动态表情保存到指定路径。“吃货”动态表情制作完成。

4.2.2 制作“躲起来”动态表情

01 打开PS，选择【文件】→【新建】，新建一个纸张【大小】为A4的文件，如图4-91所示。

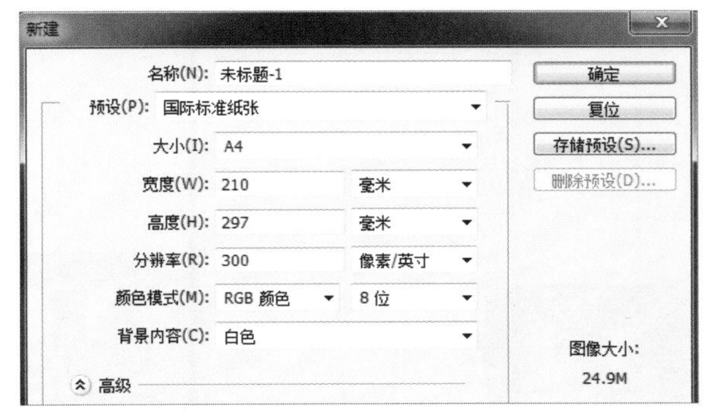

图 4-91

02 选择【文件】→【打开】，将之前在AI中制作好的8个“躲起来”表情动画分帧文件（具体教程详见基本原型制作过程）依次导入PS中。

03 使用【移动工具】将导入的8个文件移动到同一个背景下并对齐，从而形成不同的图层。

04 选择【窗口】→【时间轴】，将时间轴打开，如图4-92所示。

05 单击【时间轴】面板右上角的图标，选择【新建帧】（有几帧动画就新建几帧），如图4-93所示。

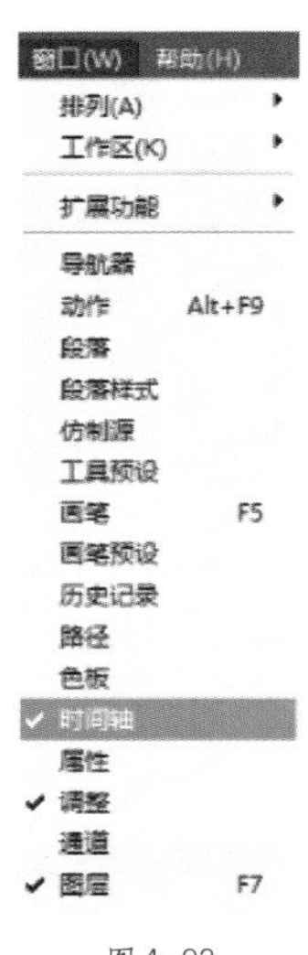

图 4-92

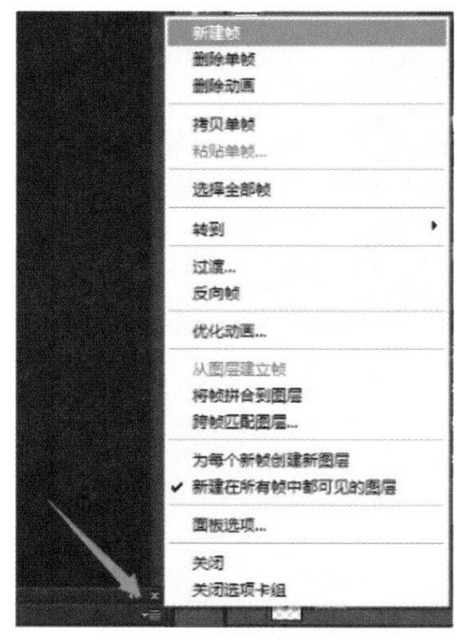

图 4-93

06 每一帧只对应显示一个图层，如第1帧只显示图层1，第2帧只显示图层2，依此类推，将不必显示的图层前面的【眼睛】图标关掉即可，如图4-94所示。

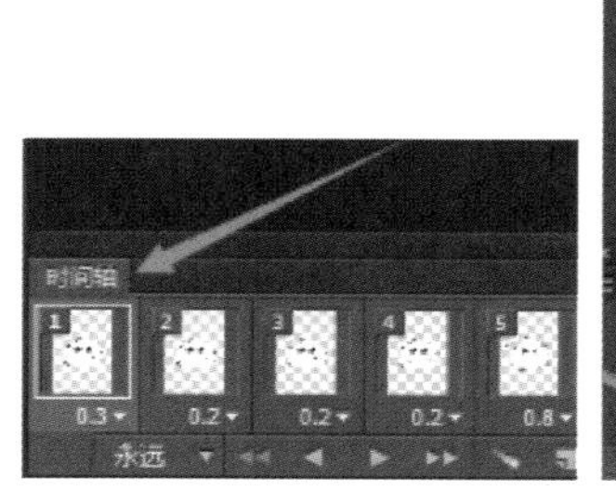

图 4-94

07 直接单击每一帧下方的时间数字，即可为每一帧设定持续时间，如图4-95所示。

08 单击【播放】图标，预览动画效果，如图4-96所示。

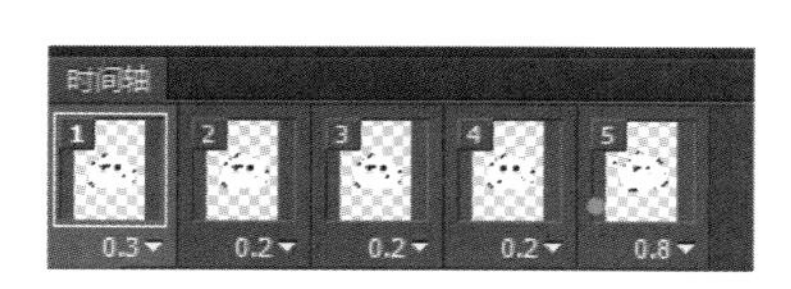

图 4-95

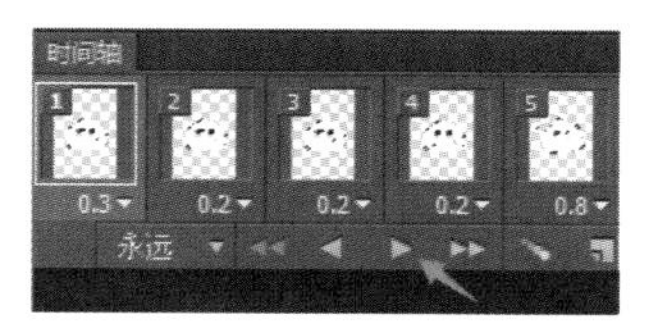

图 4-96

09 选择【文件】→【存储为Web所用格式】，设置为GIF格式，并将【循环选项】设置为【永远】，单击【存储】，将动态表情保存到指定路径。“躲起来”动态表情制作完成。

4.2.3 制作“好气哦”动态表情

01 打开PS，选择【文件】→【新建】，新建一个A4大小的文件。

02 选择【文件】→【打开】，将之前在AI中制作好的7个“好气哦”表情动画分帧文件（具体教程详见基本原型制作过程）依次导入PS中。

03 使用【移动工具】将导入的7个文件移动到同一个背景下并对齐，从而形成不同的图层。

04 选择【窗口】→【时间轴】，将时间轴打开，如图4-97所示。

05 单击【时间轴】面板右上角的图标，选择【新建帧】（有几帧动画就新建几帧），如图4-98所示。

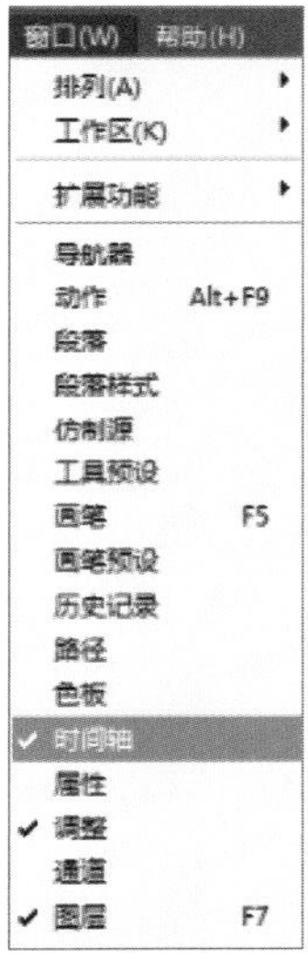

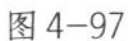
图4-97

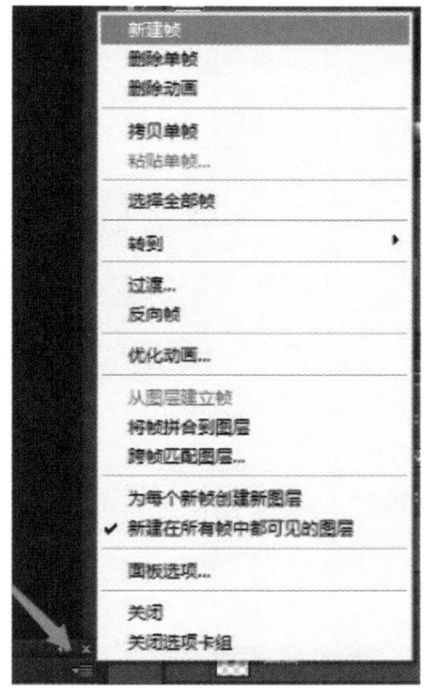

图4-98

06 每一帧只对应显示一个图层，如第1帧只显示图层1，第2帧只显示图层2，依此类推，将不必显示的图层前面的【眼睛】图标关掉即可，如图4-99所示。

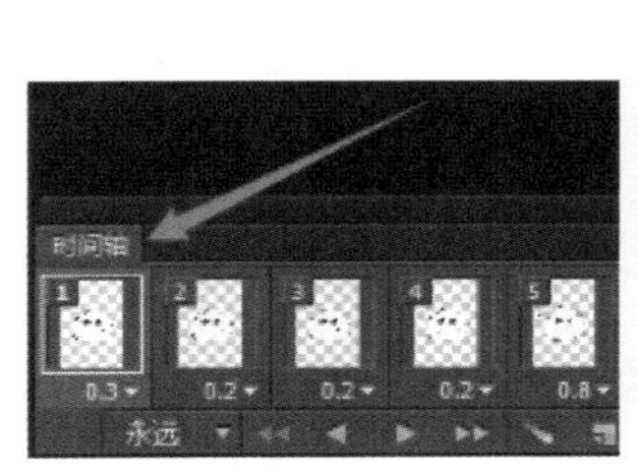

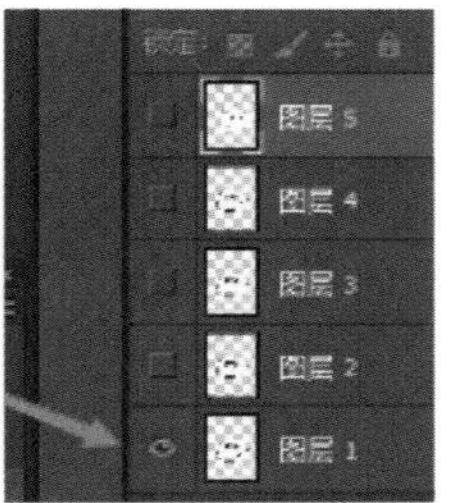

图4-99

07 直接单击每一帧下方的时间数字，为每一帧设定相应的播放时间，如图4-100所示。

08 单击【播放】图标，预览动画效果，如图4-101所示。

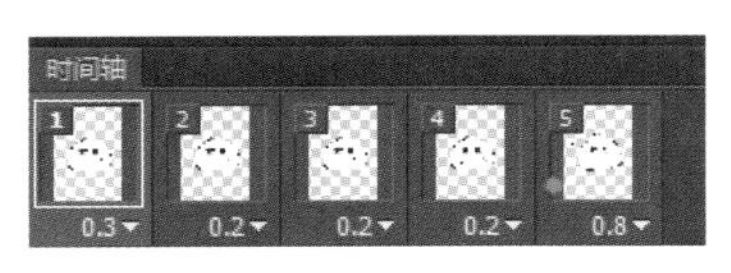

图 4-100

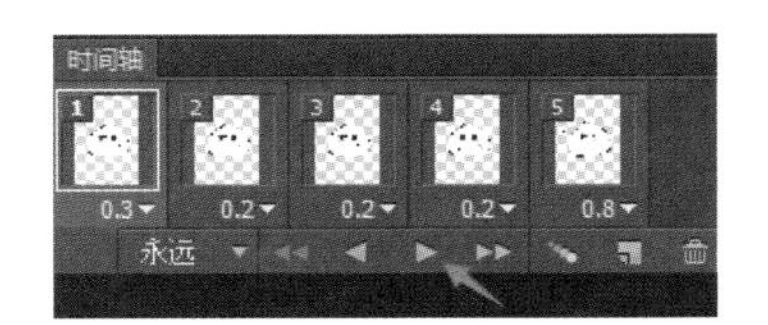

图 4-101

09 选择【文件】→【存储为Web所用格式】，设置为GIF格式，并将【循环选项】设置为【永远】，单击【存储】，将动态表情保存到指定路径。"好气哦"动态表情制作完成。

4.2.4 制作"挥手"动态表情

01 打开PS，选择【文件】→【新建】，新建一个纸张【大小】为A4的文件。

02 选择【文件】→【打开】，将之前在AI中制作好的2个"挥手"表情动画分帧文件（具体教程详见基本原型制作过程）依次导入PS中。

03 使用【移动工具】将导入的2个文件移动到同一个背景下并对齐，从而形成不同的图层，如图4-102所示。

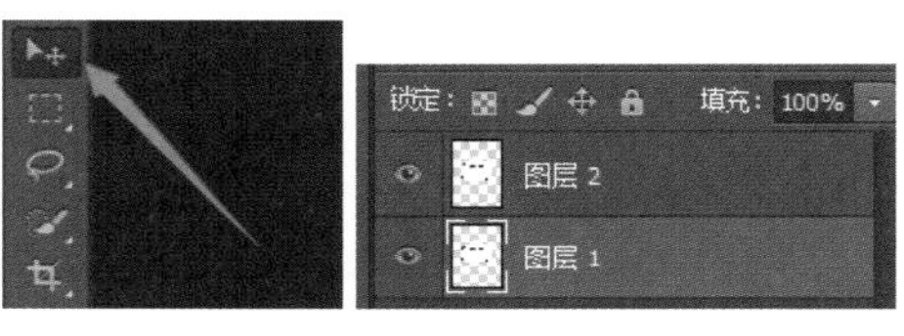

图 4-102

04 选择【窗口】→【时间轴】，将时间轴打开，如图4-103所示。

05 单击【时间轴】面板右上角的图标，选择【新建帧】（有几帧动画就新建几帧），如图4-104所示。

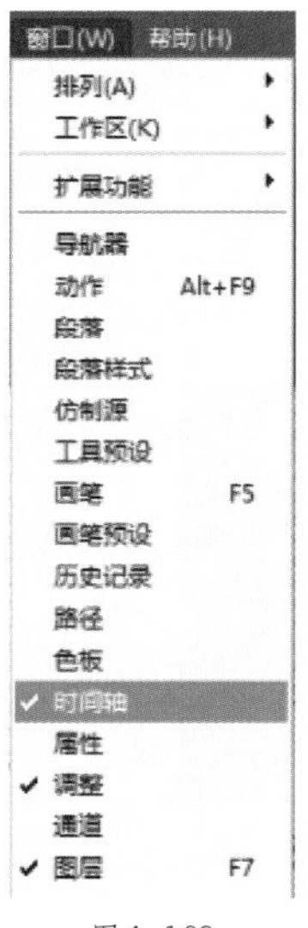

图 4-103

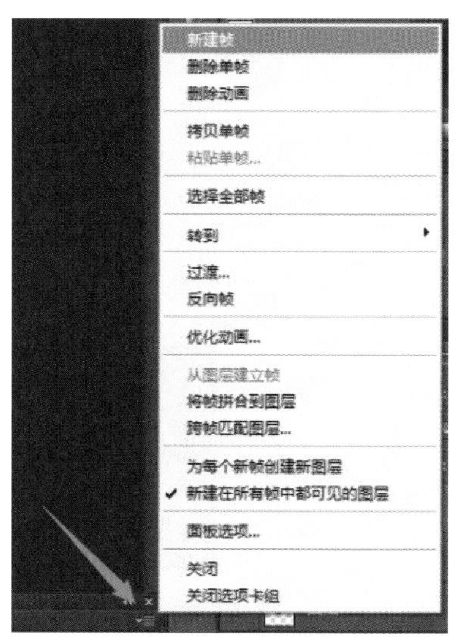

图 4-104

06 每一帧只对应显示一个图层，如第1帧只显示图层1，第2帧只显示图层2，依此类推，将不必显示的图层前面的【眼睛】图标关掉即可。

07 直接单击每一帧下方的时间数字，为每一帧设定持续时间。

08 单击【播放】图标，预览动画效果。

09 选择【文件】→【存储为Web所用格式】，设置为GIF格式，并将【循环选项】设置为【永远】，单击【存储】，将动态表情保存到指定路径。“挥手”动态表情制作完成。

4.2.5 制作“开心”动态表情

01 打开PS，选择【文件】→【新建】，新建一个纸张【大小】为A4的文件，如图4-105所示。

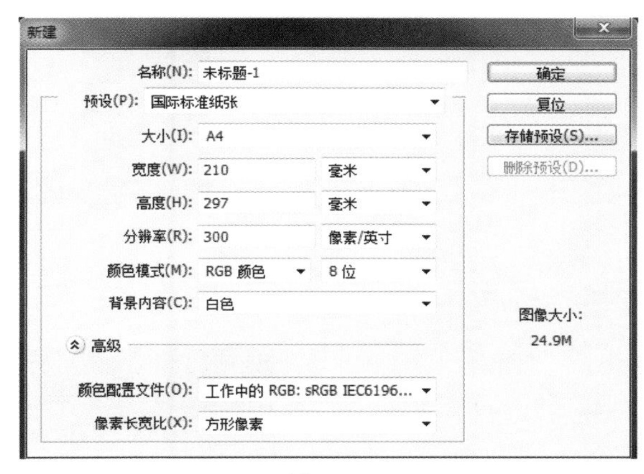

图4-105

02 选择【文件】→【打开】，将之前在AI中制作好的有关“开心”动态表情的6个文件依次导入PS中，如图4-106所示。

03 使用【移动工具】将导入的6个文件移动到同一个背景下并对齐，从而形成不同的图层，如图4-107所示。

图4-106

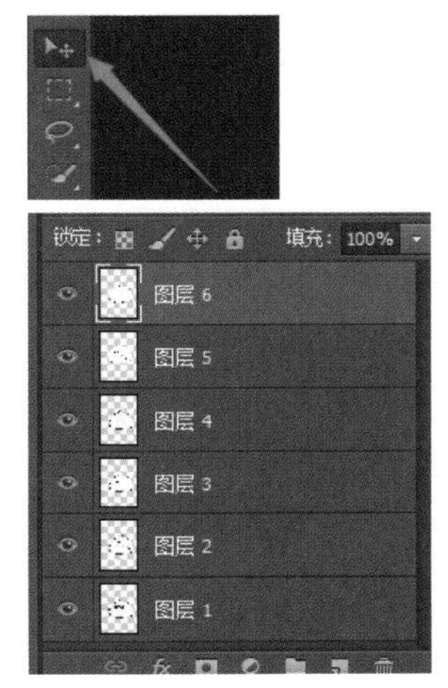

图4-107

04 选择【窗口】→【时间轴】，将时间轴打开，如图4-108所示。

05 单击【时间轴】面板右上角的图标，选择【新建帧】，如图4-109所示，新建6个帧图层。

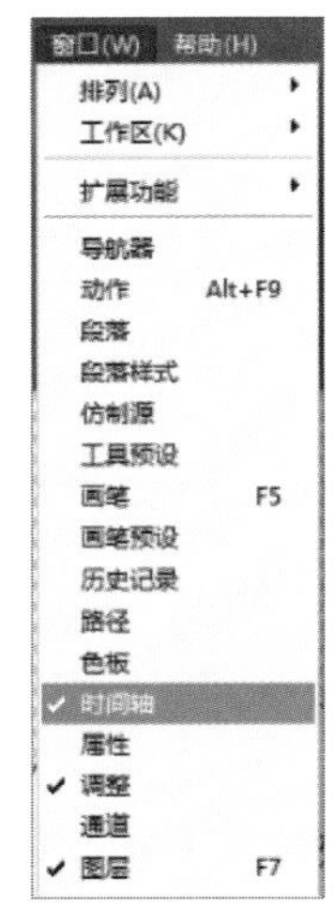

图4-108

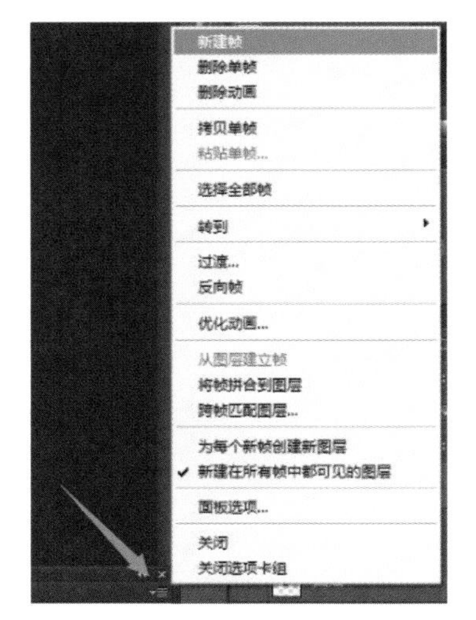

图4-109

06 每一帧只对应显示一个图层，如第1帧只显示图层1，第2帧只显示图层2，依此类推，将不必显示的图层前面的【眼睛】图标关掉即可，如图4-110所示。

07 直接单击每一帧下方的时间数字，为每一帧设定持续时间，如图4-111所示。

08 单击【播放】图标，预览动画效果，如图4-112所示。

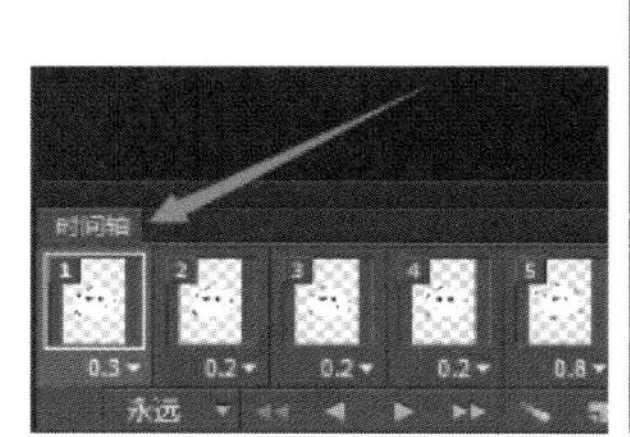

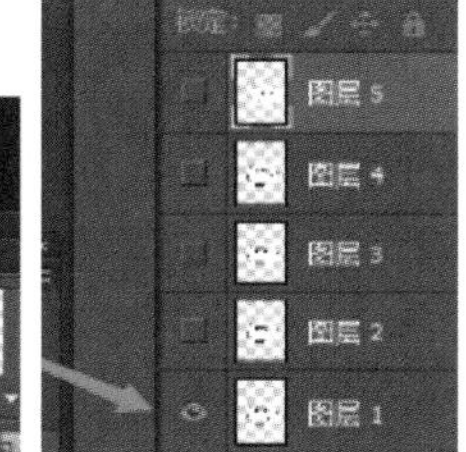

图4-110

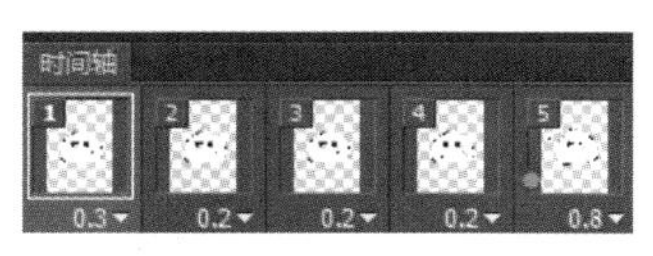

图4-111

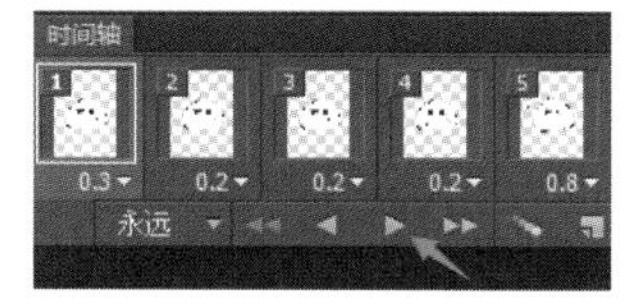

图4-112

09 选择【文件】→【存储为Web所用格式】，设置为GIF格式，并将【循环选项】设置为【永远】，单击【存储】，将动态表情保存到指定路径。“开心”动态表情制作完成。

4.2.6 制作“陪我玩”动态表情

01 打开PS，选择【文件】→【新建】，新建一个纸张【大小】为A4的文件，如图4-113所示。

02 选择【文件】→【打开】，将之前在AI中制作好的有关“陪我玩”动态表情的4个文件依次导入PS中，如图4-114所示。

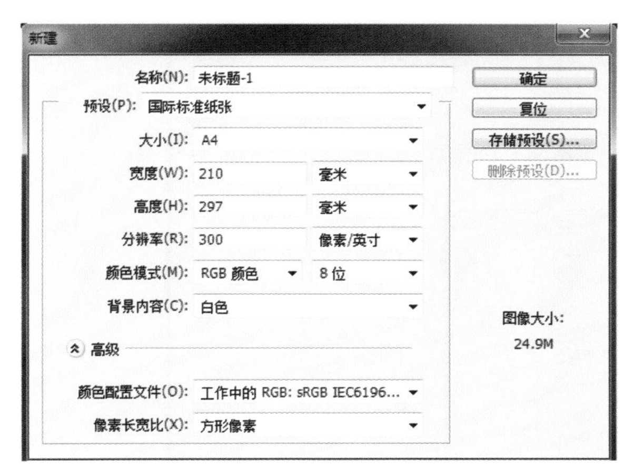

图4-113

图4-114

03 使用【移动工具】将导入的4个文件移动到同一个背景下并对齐，从而形成不同的图层，如图4-115所示。

04 选择【窗口】→【时间轴】，将时间轴打开，如图4-116所示。

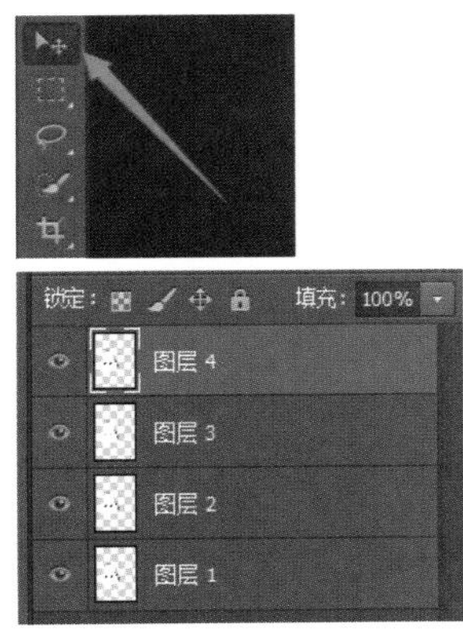

图4-115

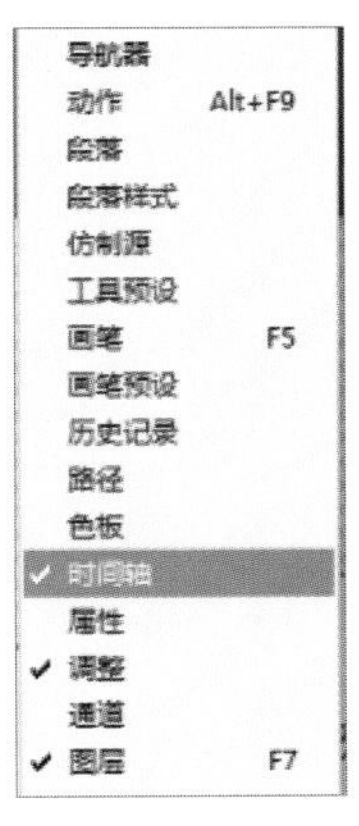

图4-116

05 单击【时间轴】面板右上角的图标，选择【新建帧】，如图4-117所示，新建4个帧图层。

06 每一帧只对应显示一个图层，如第1帧只显示图层1，第2帧只显示图层2，依此类推，将不必显示的图层前面的【眼睛】图标关掉即可，如图4-118所示。

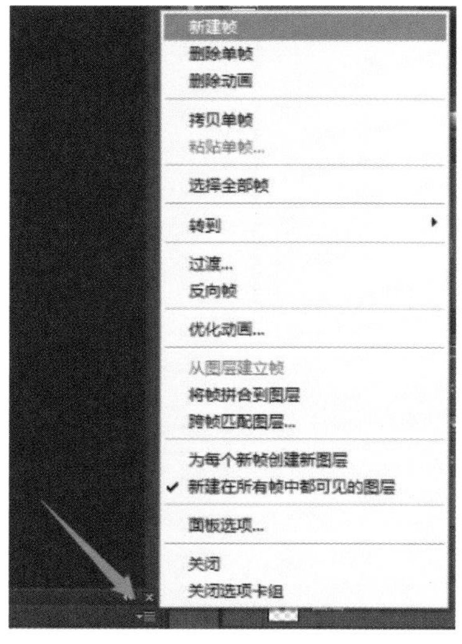

图4-117

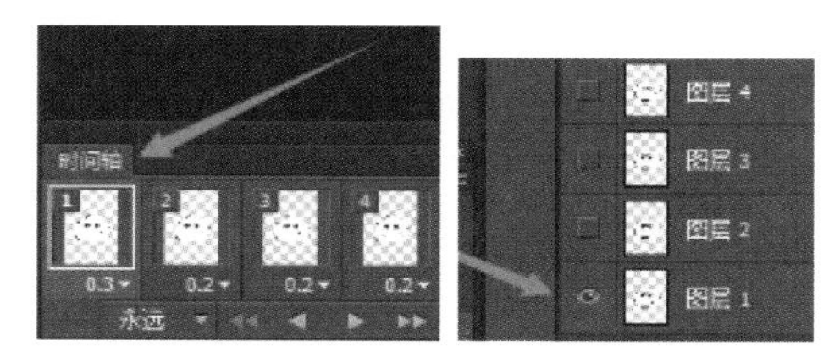

图4-118

07 直接单击每一帧下方的时间数字，为每一帧设定持续时间，如图4-119所示。

08 单击【播放】图标，预览动画效果，如图4-120所示。

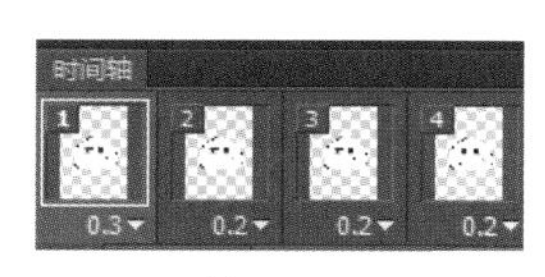

图4-119

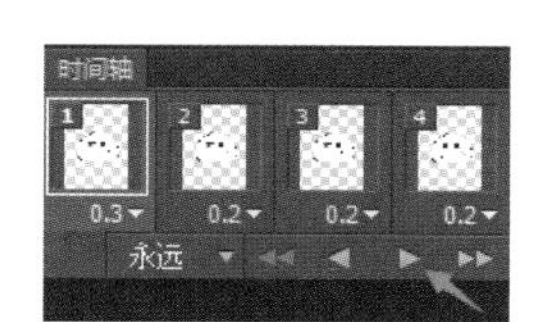

图4-120

09 选择【文件】→【存储为Web所用格式】，设置为GIF格式，并将【循环选项】设置为【永远】，单击【存储】，将动态表情保存到指定路径。“陪我玩”动态表情制作完成。

第5章 “小兔子”表情包制作案例

本章中，我们将在5.1节学习如何在PS中制作一个造型可爱的小兔子的基本轮廓和动画分帧文件，在5.2节学习如何在PS中将制作好的动画分帧文件制作成动态表情包。

5.1 制作表情包静态原型

在本节中，首先使用PS制作小兔子的基本轮廓，然后依次制作小兔子的“Hello”“大哭”“生气”“加油”表情和动画分帧文件。在制作小兔子基本轮廓时，主要使用PS的【钢笔工具】，在绘图的过程中应注意线条流畅、造型准确；在绘制小兔子的不同表情时，应注意各种表情的主要特征、信息传递的准确性；可以根据案例的制作过程按照个人喜好进行调整，以绘制出与众不同的作品。

5.1.1 绘制“小兔子”基本轮廓

01 打开PS，选择【文件】→【新建】，即可新建一个文件，如图5-1所示。

02 新建文件的参数设置如图5-2所示：【宽度】为780像素，【高度】为780像素，【分辨率】为72像素/英寸，【颜色模式】为RGB颜色，【背景内容】为白色，然后单击【确定】按钮。

图5-1

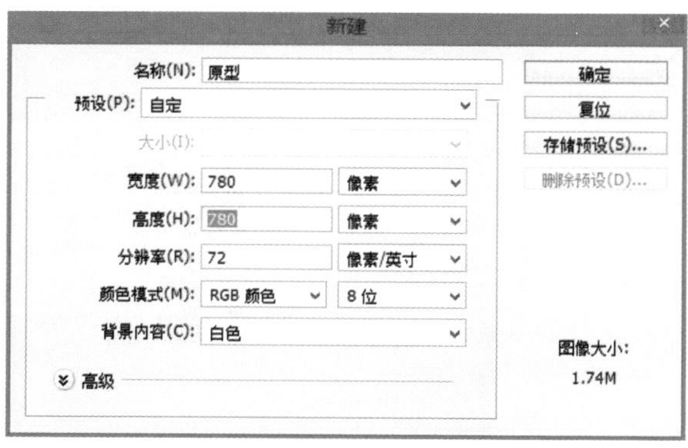

图5-2

03 在【图层】面板中单击【新建图层】按钮，新建一个图层并将其命名为“杯子前”，如图5-3所示。

04 使用【钢笔工具】勾画出图形，如图5-4所示。

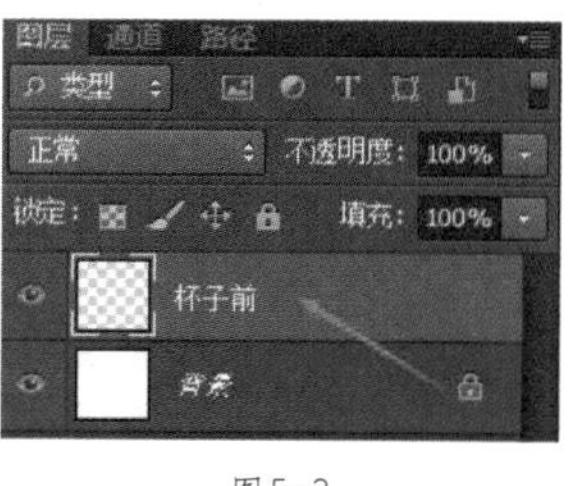

图5-3

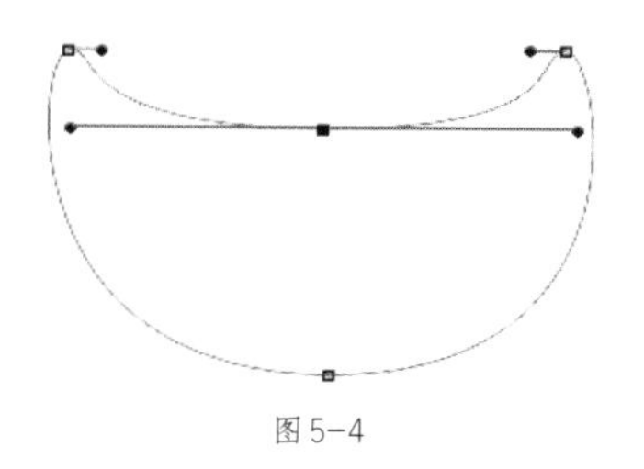

图5-4

05 为图形填色并描边，填充颜色的编号为“b6dbff”，如图5-5所示。

06 在【图层】面板中单击【新建图层】按钮，新建一个图层并将其命名为“杯子后”，如图5-6所示。

07 用【钢笔工具】勾画出图5-7所示的图形，填色并描边，填充颜色的编号为“ddeeff”，如图5-8所示。

08 在【图层】面板中单击【新建图层】按钮，新建一个图层并将其命名为“杯把”，如图5-9所示。

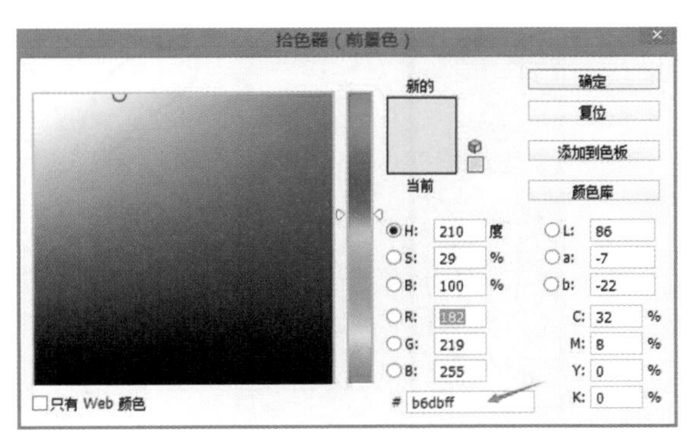

图 5-5

图 5-6

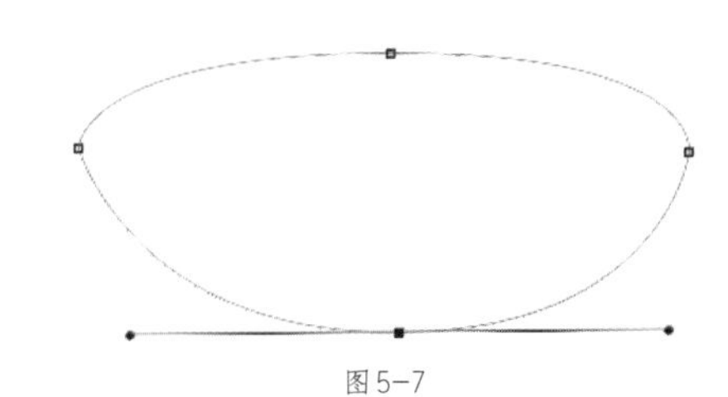

图 5-7

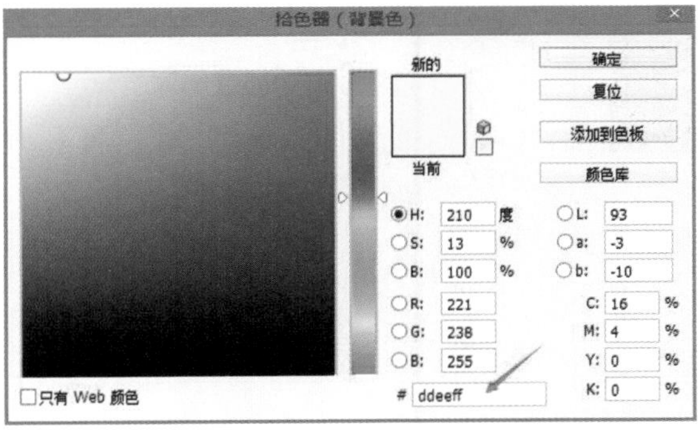

图 5-8

图 5-9

09 用【钢笔工具】勾画出图5-10所示的图形，填色并描边，填充的颜色编号为“b6dbff”。

10 在【图层】面板中单击【新建图层】按钮，新建一个图层并将其命名为“兔子头”。

11 用【钢笔工具】勾画出图5-11所示的图形，填色并描边，填充的颜色为白色。

12 选择“兔子头”图层，选择【描边】，以2像素进行描边，如图5-12所示。

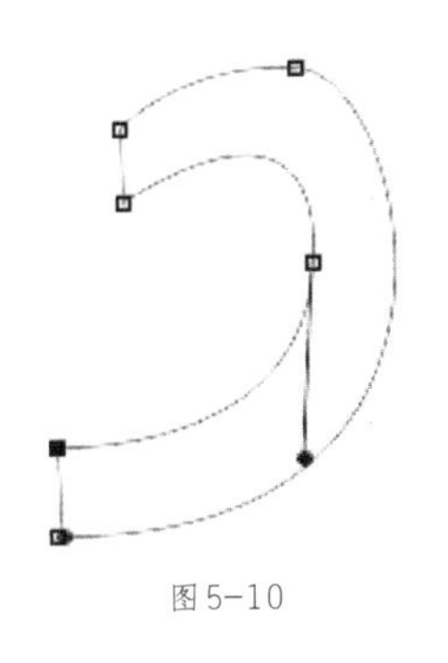

图 5-10

图 5-11

图 5-12

13 在【图层】面板中单击【新建图层】按钮，新建一个图层并命名为“身子”，如图5-13所示。

14 使用【钢笔工具】绘制出身子的轮廓，如图5-14所示。

15 选择“身子”图层，为身子添加描边并填充为白色。

16 在【图层】面板中单击【新建图层】按钮，新建一个图层并将其命名为“耳朵右”，勾勒出耳朵的粉色部分的轮廓，并为其填充颜色，颜色的编号为“ff8878”，如图5-15所示。

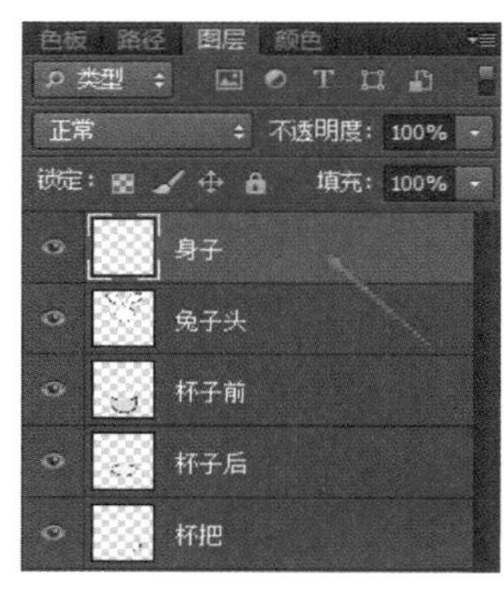

图5-13

图5-14

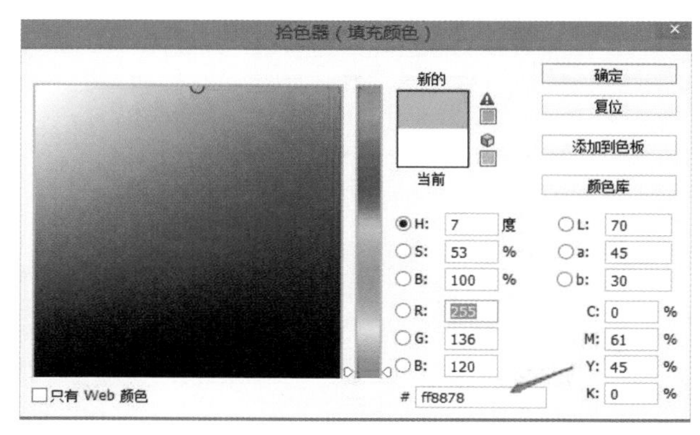

图5-15

17 复制“耳朵右”图层并将新图层命名为“耳朵左”，选择“耳朵左”图层，同时按住【Ctrl】+【T】键，单击鼠标右键，选择【水平翻转】，再将图案移到小兔子左耳（从小兔子视角看）所在的位置，效果如图5-16所示。

18 单击【新建图层】按钮，新建一个图层并将其命名为“左手”（从读者视角看，下同），勾画出图5-17所示的图形，将其填充为白色并描边。

19 复制“左手”图层，并将复制出的图层命名为“右手”。

20 选择“右手”图层，同时按住【Ctrl】+【T】键，单击鼠标右键，选择【水平翻转】，再将图案移到图5-18所示的右手所在的位置。

图5-16

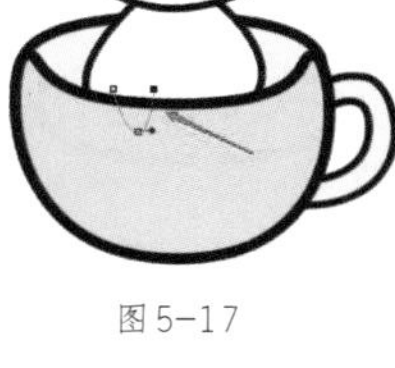

图5-17

图5-18

21 新建两个图层，分别命名为“眼睛左”和“眼睛右”。使用【椭圆工具】，按住【Shift】键，分别在这两个图层上画出一个圆形，作为小兔子的眼睛。

22 在【图层】面板中单击【新建图层】按钮，新建一个图层并将其命名为“嘴一”，勾勒出图5-19所示的轮廓，并描边。

23 在【图层】面板中单击【新建图层】按钮，新建一个图层并将其命名为“嘴二”，勾勒出图5-20所示的轮廓，并为其填充颜色，颜色的编号为“ff8878”，然后再描边。

图5-19　　图5-20

24 在【图层】面板中单击【新建图层】按钮，新建一个图层并将其命名为“反光1”，使用【椭圆工具】画出图5-21所示的图形，并将其填充为白色。

25 在【图层】面板中单击【新建图层】按钮，新建一个图层并将其命名为“反光2”，勾勒出图5-22所示的图形，并将其填充为白色。

26 选择名为“兔子头”的图层，如图5-23所示。

图5-21

图5-22

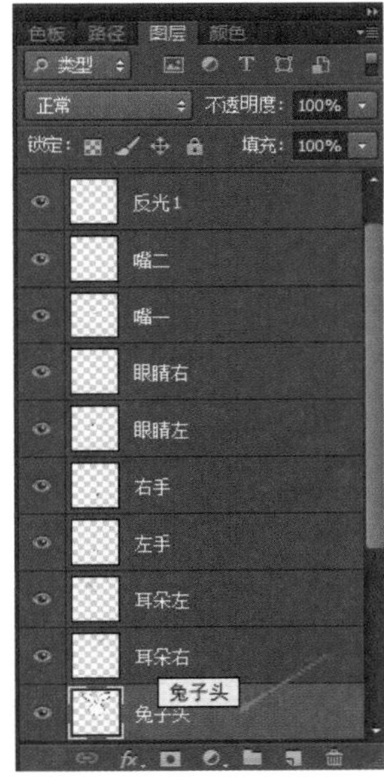

图5-23

27 使用【橡皮擦工具】，将小兔子下颚部分的描边擦掉，如图5-24所示。

28 选择【文件】→【存储】，如图5-25所示。将【文件名】改为“小兔子”，【格式】设置为PSD，单击【保存】，即可保存文件。小兔子的基本轮廓绘制完成。

图 5-24

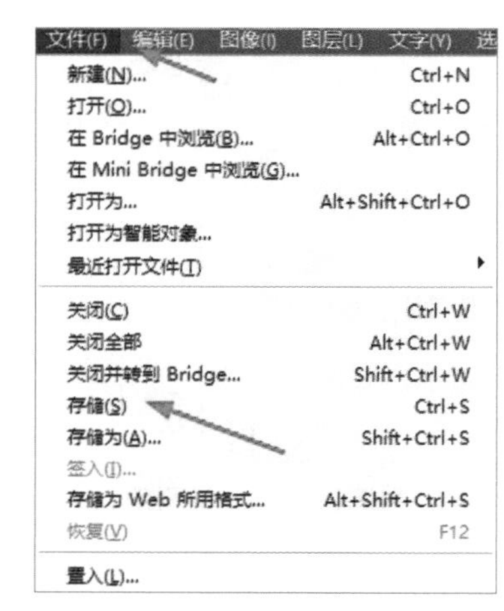

图 5-25

5.1.2 绘制“Hello”表情

01 在PS中选择【文件】→【打开】，打开在5.1.1小节制作的小兔子基本轮廓的源文件。

02 删除“眼睛左”“眼睛右”“嘴二”图层。

03 在【图层】面板中单击【新建图层】按钮，新建一个图层并将其命名为“眼睛弯左”，用【钢笔工具】勾勒出一个半圆。

04 复制“眼睛弯左”图层并将其命名为“眼睛弯右”，然后将图案移动到对称的位置，效果如图5-26所示。

05 选中“左手”（此时小兔子视角）图层，选中后按住【Ctrl】+【T】键，将小兔子的左手旋转到图5-27所示的位置。

06 选择【文件】→【存储为】，将【文件名】改为“hello-1”，再将绘制好的文件保存到指定目录下。

07 选择【文件】→【打开】，打开“hello-1”文件。

08 选中“左手”图层，选中后按住【Ctrl】+【T】键，将选中的手部的图形旋转到图5-28所示的位置。

09 在【图层】面板中单击【新建图层】按钮，新建一个图层并将其命名为“线2”，用【钢笔工具】勾画出线的轮廓，并对其进行描边，如图5-28所示。

图 5-26

图 5-27

图 5-28

图 5-29

10 选择【文件】→【存储为】，将【文件名】改为“hello-2”，再将绘制好的文件保存到指定目录下。

11 选择【文件】→【打开】，打开“hello-2”文件。

12 选中“左手”图层，选中后按【Ctrl】+【T】键，将选中的手部的图形旋转到图5-29所示的位置。

13 在【图层】面板中单击【新建图层】按钮，新建一个图层并将其命名为“线3”，用【钢笔工具】勾画出线的轮廓，并对其进行描边，如图5-29所示。

14 选择【文件】→【存储为】，将【文件名】改为“Hello-3”，再将绘制好的文件保存到指定目录下。至此，“Hello”动态表情所需要的3个静态造型全部绘制完成。保存文件，为后面制作动态表情做好准备。

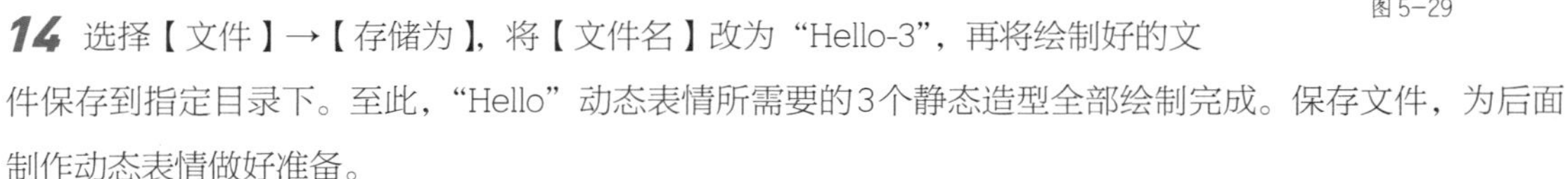

5.1.3 绘制“大哭”表情

01 在PS中选择【文件】→【打开】，打开在5.1.1小节制作的小兔子基本轮廓的源文件。

02 删除“嘴一”“嘴二”图层。

03 在【图层】面板中单击【新建图层】按钮，新建一个图层，用【钢笔工具】画出小兔子的嘴。注意，嘴的特点是向上弯曲的弧线，以表现不高兴的情绪特点，如图5-30所示。

04 在【图层】面板中单击【新建图层】按钮，新建一个图层并将其命名为“水”。

05 在“水”图层中，用【钢笔工具】参考图5-31画出蓝色的图形，也可先画出大致的形状，之后用【橡皮擦工具】擦除，从而得到水的形状。

06 调整“水”图层与其他图层的上下遮挡顺序（注意“水”图层与“手”图层的遮挡关系），将各图层移到合适的位置，如图5-32所示。

图 5-30

图 5-31

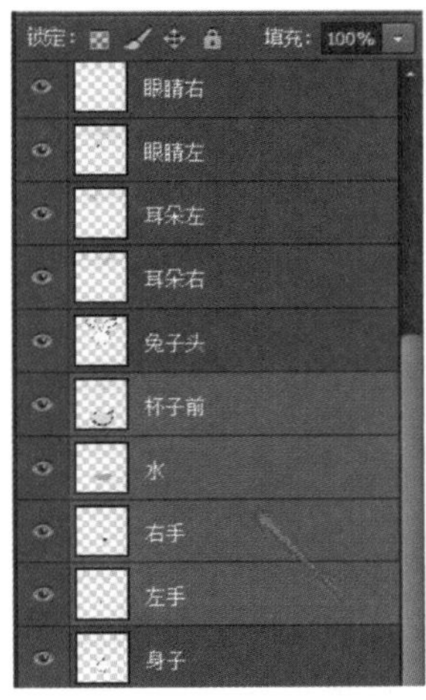

图 5-32

07 将杯子中的水的填充透明度设置为60%，如图5-33所示。

08 用【钢笔工具】画出眼泪，如图5-34所示，将其透明度设置为60%，并修改这两个图层的名称为“眼泪左”“眼泪右”。

09 选择【文件】→【存储为】，将【文件名】改为“大哭1”，再将绘制好的文件保存到指定目录下。

10 选择【文件】→【打开】，打开“大哭1”文件。

11 删除“眼睛左”“眼睛右”“眼泪左”“眼泪右”图层。

12 用【钢笔工具】勾画出眼睛，注意眼睛是闭上的，如图5-35所示。

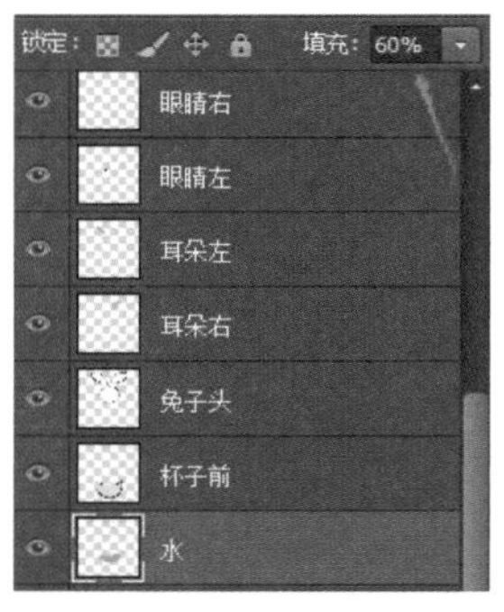

图5-33

图5-34

图5-35

13 用【钢笔工具】勾画出眼泪，参考图5-36所示的样式与位置，也可以根据自己的喜好确定眼泪的位置。

14 用【橡皮擦工具】擦除部分“水”，擦除效果如图5-37所示。

15 选择【文件】→【存储为】，将【文件名】改为“大哭2”，再将绘制好的文件保存到指定目录下。

16 选择【文件】→【打开】，打开“大哭2”文件。

17 参考图5-38所示的样式与位置，调整眼睛和眼泪的样式与位置。

图5-36

图5-37

图5-38

18 使用【橡皮擦工具】擦除部分“水”，擦除效果如图5-39所示。

19 选择【文件】→【存储为】，将【文件名】改为“大哭3”，再将绘制好的文件保存到指定目录下。

20 选择【文件】→【打开】，打开“大哭3”文件。

21 参考图5-40所示的样式与位置，调整眼泪的位置。

图5-39

图5-40

22 选择【文件】→【存储为】，将【文件名】改为“大哭4”，再将绘制好的文件保存到指定目录下。至此，“大哭”动态表情所需要的4个静态造型全部绘制完成。保存文件，为后面制作动态表情做好准备。

5.1.4 绘制“生气”表情

01 在PS中选择【文件】→【打开】，打开在5.1.1小节制作的小兔子基本轮廓的源文件。

02 删除“嘴一”“嘴二”图层。

03 在【图层】面板中单击【新建图层】按钮，新建一个图层，用【钢笔工具】画出小兔子的嘴，如图5-41所示。

图5-41

04 用【钢笔工具】勾画出眉毛（注意眉毛的角度与特点），如图5-42所示。

05 选中小兔子右手所在的图层，选中后，按住【Ctrl】+【T】键，如图5-43所示。将右手进行180°旋转，从而使右手朝上，如图5-44所示。

图5-42

图5-43

图5-44

06 选择【文件】→【存储为】，将【文件名】改为“拍杯子1”，再将绘制好的文件保存到指定目录下。

07 选择【文件】→【打开】，打开“拍杯子1”文件。

08 选中小兔子右手所在的图层，选中后，按住【Ctrl】+【T】键，进行180°旋转和竖向拉伸变形，将右手缩窄变形为图5-45所示的形状。

09 选择【文件】→【存储为】，将【文件名】改为“拍杯子2”，再将绘制好的文件保存到指定目录下。

10 选择【文件】→【打开】，打开“拍杯子2”文件。

11 选中小兔子右手所在的图层，按住【Ctrl】+【T】键，进行竖向向下拉伸变形，变为图5-46所示的形状。

12 选择【文件】→【存储为】，将【文件名】改为“拍杯子3”，再将绘制好的文件保存到指定目录下。

13 选择【文件】→【打开】，打开“拍杯子3”文件。

14 选中小兔子右手所在的图层，选中后，按住【Ctrl】+【T】键，进行竖向向下拉伸变形，变为图5-47所示的形状。

图5-45

图5-46

图5-47

15 选择【文件】→【存储为】，将【文件名】改为“拍杯子4”，再将绘制好的文件保存到指定目录下。

16 选择【文件】→【打开】，打开“拍杯子4”文件。

17 在【图层】面板中单击【新建图层】按钮，新建一个图层并将其命名为“裂纹”。

18 使用【钢笔工具】，在新建的“裂纹”图层中绘制出杯子裂纹的图案，如图5-48所示。

19 选择【文件】→【存储为】，将【文件名】改为“拍杯子5”，再将绘制好的文件保存到指定目录下。

20 选择【文件】→【打开】，打开“拍杯子5”文件。

21 选择“裂纹”图层，用【橡皮擦工具】擦除部分裂纹，如图5-49所示。

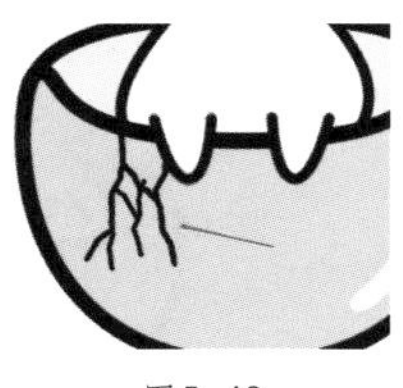

图5-48

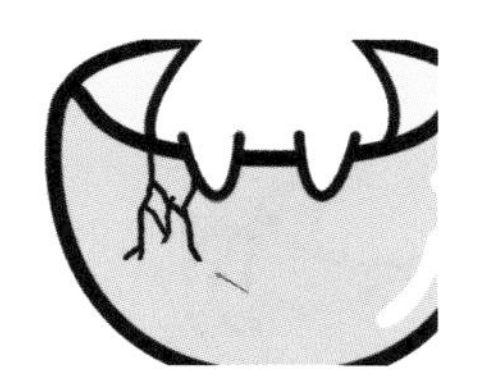

图5-49

22 选择【文件】→【存储为】，将【文件名】改为“拍杯子6”，再将绘制好的文件保存到指定目录下。至此，“生气”动态表情所需要的6个静态造型全部绘制完成。保存文件，为后面制作动态表情做好准备。

5.1.5 绘制“加油”表情

01 在PS中选择【文件】→【打开】，打开在5.1.1小节制作的小兔子基本轮廓的源文件。

02 删除“眼睛左”“眼睛右”图层。

03 在【图层】面板中单击【新建图层】按钮，新建一个图层并将其命名为“眼睛-右”（注：本案例中左右方向为读者视角），再用【钢笔工具】画出小兔子的眼睛。注意，眼睛是闭着的，如图5-50所示。

04 复制“眼睛-右”图层，并将新图层命名为“眼睛-左”，选中“眼睛-左”图层后，按住【Ctrl】+【T】键，单击鼠标右键，选择【水平翻转】，效果如图5-51所示。

05 删除“左手”“右手”“嘴二”图层。

06 在【图层】面板中单击【新建图层】按钮，新建一个图层并将其命名为“右手1”。

07 使用【钢笔工具】画出手的形状，将其填充为白色，并进行描边，如图5-52所示。

图5-50

图5-51

图5-52

08 复制“右手1”图层，并将新图层命名为“左手1”，按住【Ctrl】+【T】键，单击鼠标右键，选择【水平翻转】，效果如图5-53所示。

09 使用【钢笔工具】画出图中表示手臂运动的辅助线，如图5-54所示。

10 选择【文件】→【存储为】，将【文件名】改为“加油1”，再将绘制好的文件保存到指定目录下。

图5-53 图5-54

11 选择【文件】→【打开】，打开“加油1”文件。

12 删除“左手1”和“左手2”图层，在【图层】面板中单击【新建图层】按钮，新建一个图层并将其命名为“右手2”。

13 用【钢笔工具】画出手的轮廓，将其填充为白色，并进行描边，如图5-55所示。

14 复制“右手2”图层，并将新图层命名为“左手2”，按住【Ctrl】+【T】键，单击鼠标右键，选择【水平翻转】，如图5-56所示。

15 使用【钢笔工具】画出小兔子的嘴。注意，嘴的造型应表现出小兔子高兴的情绪，如图5-57所示。

图 5-55

图 5-56

图 5-57

16 选择【文件】→【存储为】，将【文件名】改为“加油2”，再将绘制好的文件保存到指定目录下。至此，“加油”动态表情所需要的两个静态造型全部绘制完成。保存文件，为后面制作动态表情做好准备。

5.2 制作“小兔子”动态表情包

在本节中，主要使用在PS的时间轴中依次关闭可视图层这一方法来制作表情动画。在制作动画的过程中应经常使用预览功能观看动画效果，直至得到满意的动画效果。

5.2.1 制作“Hello”动态表情

01 打开PS，选择【文件】→【新建】，设置【宽度】为780像素，【高度】为780像素，【分辨率】为100像素/英寸，【背景内容】为透明，单击【确定】。再打开在5.1.2小节中制作的PSD文件“hello-1”“hello-2”“hello-3”。

02 分别在文件“hello-1”“hello-2”“hello-3”中选中所有图层，单击鼠标右键，选择【合并图层】，合并后的图层分别重新命名为“1”“2”“3”。

03 将合并后的图层都拖到新建的文件里。

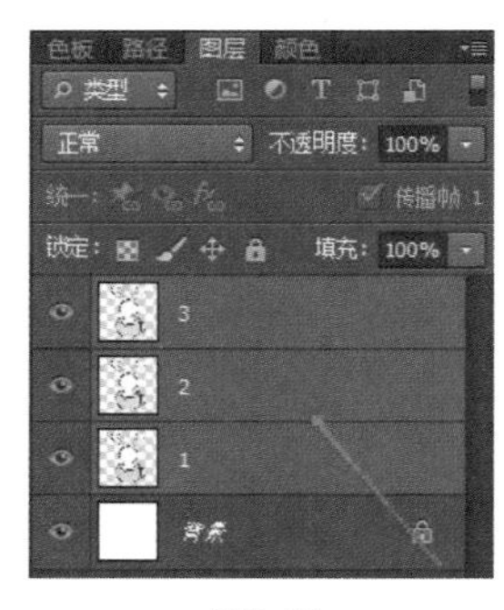

图 5-58

04 按住【Shift】键，分别选择“1”“2”“3”图层，使3个图层同时处于被选中的状态，如图5-58所示。

05 单击PS菜单栏下方的状态栏中的【垂直居中对齐】和【水平居中对齐】，如图5-59所示。

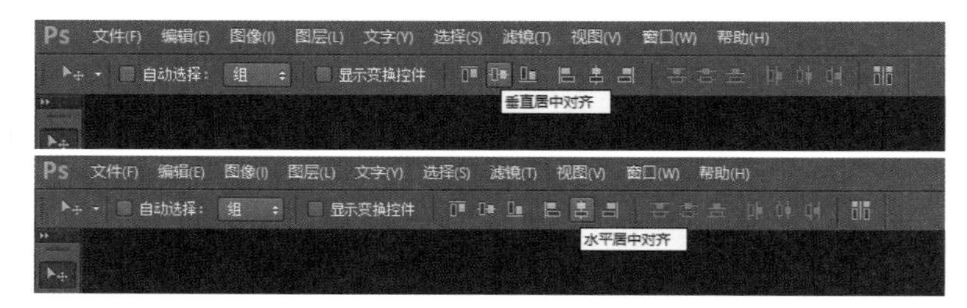

图 5-59

06 3个图层中的小兔子完全重叠，如图5-60所示。

07 单击【窗口】，选择【时间轴】，如图5-61所示，调出【时间轴】面板。

图 5-60

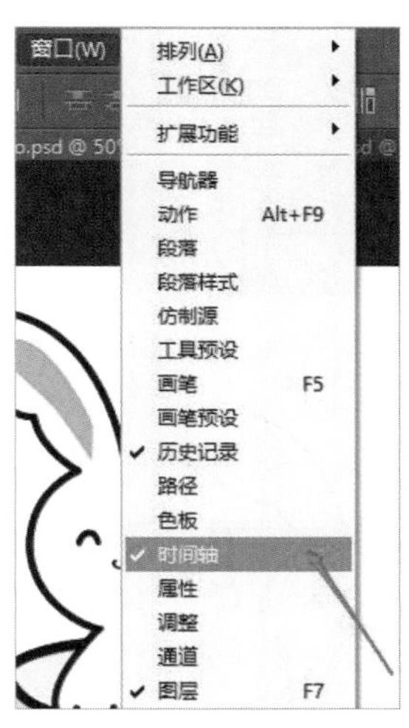

图 5-61

08 单击【创建帧动画】，再单击5次【复制所选帧】，得到5个新的帧图层，如图5-62所示。

09 使用【横排文字工具】，分别打出“H”“E”“L”“L”“O” 5个字母，将字号调为40点，字体可以根据自己的喜好选择，如图5-63所示。

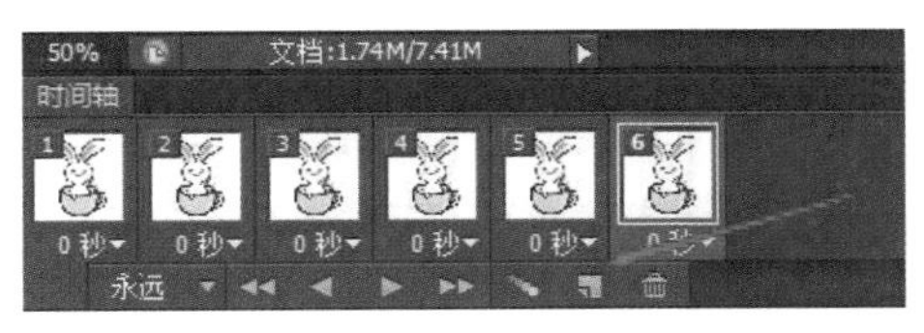

图 5-62

图 5-63

10 分别复制每个字母图层，将字号调为60点，重命名为“H大”“E大”“L大”“L大”“O大”，如图5-64所示。

11 选择第1帧，开启“1”“H”“E”“L”“L”“O”图层前面的【眼睛】图标，效果如图5-65所示。

12 选择第2帧，开启“2”“H大”“E”“L”“L”“O”图层前面的【眼睛】图标，效果如图5-66所示。

13 选择第3帧，开启“3”“H大”“E大”“L”“L”“O”图层前面的【眼睛】图标，效果如图5-67所示。

14 选择第4帧，开启“1”“H大”“E大”“L大”“L”“O”图层前面的【眼睛】图标，效果如图5-68所示。

15 选择第5帧，开启“2”“H大”“E大”“L大”“L大”“O”图层前面的【眼睛】图标，效果如图5-69所示。

图 5-64　图 5-65　图 5-66

图 5-67　图 5-68　图 5-69

16 选择第6帧，开启“3”“H大”“E大”“L大”“L大”“O大”图层前面的【眼睛】图标，效果如图5-70所示。

17 单击每一帧下方的时间数字，即可为每一帧设定持续时间，这里将每一帧的持续时间设置为“0.2”。单击【播放】图标，预览动画效果。将【循环选项】设置为【永远】。选择【文件】→【存储为Web所用格式】，如图5-71所示。将【文件名】改为“Hello动态”，选择动态表情保存路径，设置为GIF格式，单击【存储】。“Hello”动态表情制作完成。

图 5-70

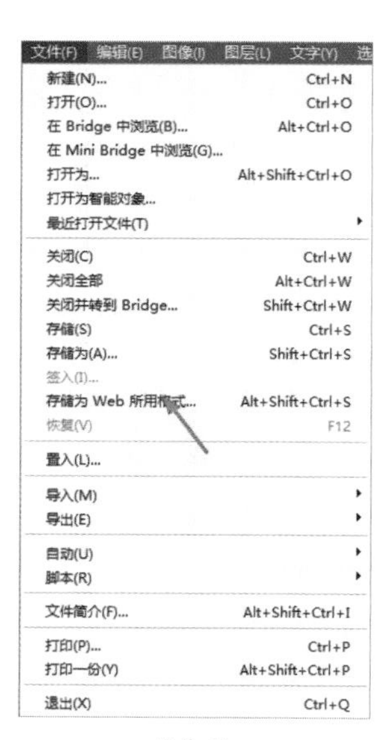

图 5-71

 5.2.2 制作“大哭”动态表情

01 打开PS，选择【文件】→【新建】，设置【宽度】为780像素，【高度】为780像素，【分辨率】为100像素/英寸，【背景内容】为透明，单击【确定】。再打开在5.1.3小节中制作的PSD文件“大哭1”“大哭2”“大哭3”“大哭4”。

02 分别在文件“大哭1”“大哭2”“大哭3”“大哭4”中选中所有图层，单击鼠标右键，选择【合并图层】，合并后的图层分别重新命名为“1”“2”“3”“4”。

03 将合并后的图层都拖到新建的文件里。

04 将“1”“2”“3”“4”这4个图层同时选中，使其在垂直与水平方向完全对齐（可参照5.2.1小节中的步骤05、步骤06操作），如图5-72所示。

05 使用【横排文字工具】，分别打出“大”“哭”两个字，将字号设置为48点，字体可以根据自己的喜好设定，如图5-73所示。

06 分别复制每个文字图层，将字号设为60点，如图5-74所示。

图5-72

图5-73

图5-74

07 单击【窗口】，选择【时间轴】，调出【时间轴】面板。单击【创建帧动画】，再单击3次【复制所选帧】，得到4个帧图层，如图5-75所示。

08 选择第1帧，开启“1”图层、字号为48点的“大”字所在图层和字号为60点的“哭”字所在图层前面的【眼睛】图标，如图5-76所示。

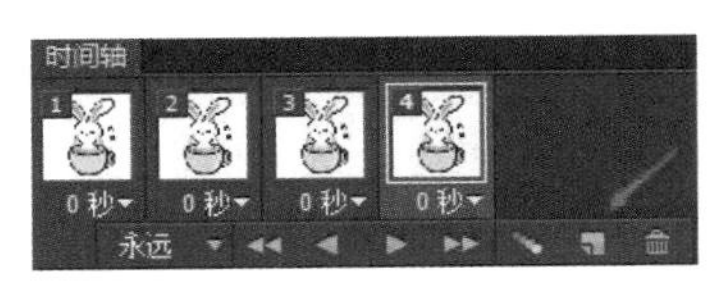

图5-75

图5-76

09 选择第2帧，开启“2”图层、字号为60点的“大”字所在图层和字号为48点的“哭”字所在图层前面的【眼睛】图标，如图5-77所示。

图5-77

10 选择第3帧，开启“3”图层、字号为60点的“大”字所在图层和字号为48点的“哭”字所在图层前面的【眼睛】图标，如图5-78所示。

图5-78

11 选择第4帧，开启“4”图层、字号为60点的“大”字所在图层和字号为48点的“哭”字所在图层前面的【眼睛】图标，如图5-79所示。

12 直接单击每一帧下方的时间数字，即可为每一帧设定持续时间，这里将每一帧的持续时间设置为“0.2”。单击【播放】图标，预览动画效果。将【循环选项】设置为【永远】。选择【文件】→【存储为Web所用格式】，如图5-80所示。将【文件名】改为“大哭动态”，设置为GIF格式，选择动态表情保存路径，单击【存储】。

13 至此，“大哭”动态表情制作完成。请多加练习并调试设置的数值，预览动画效果，直至对动画效果感到满意为止。

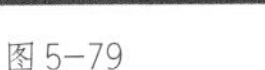
图5-79

图5-80

5.2.3 制作“生气”动态表情

01 打开PS，选择【文件】→【新建】，设置【宽度】为780像素，【高度】为780像素，【分辨率】为100像素/英寸，【背景内容】为透明，单击【确定】。再打开在5.1.4小节中制作的PSD文件“拍杯子1”“拍杯子2”“拍杯子3”“拍杯子4”“拍杯子5”“拍杯子6”。

02 分别在文件“拍杯子1”“拍杯子2”“拍杯子3”“拍杯子4”“拍杯子5”“拍杯子6”中选中所有图层，单击鼠标右键，选择【合并图层】，合并后的图层分别重新命名为“1”“2”“3”“4”“5”“6”。

03 将合并后的图层都拖到新建的文件里。

04 将“1”“2”“3”“4”“5”“6”这6个图层同时选中，使其在垂直与水平方向完全对齐（可参照5.2.1小节中的步骤05、步骤06操作），如图5-81所示。

图5-81

05 单击【窗口】，选择【时间轴】，调出【时间轴】面板。单击【创建帧动画】，再单击5次【复制所选帧】，一共得到6个帧图层，如图5-82所示。

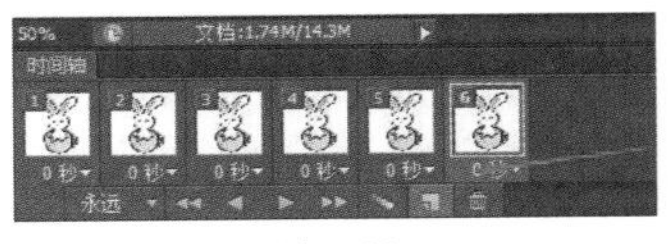
图5-82

06 选择第1帧，开启“1”图层前面的【眼睛】图标，如图5-83所示。

图 5-83

07 选择第2帧，开启“2”图层前面的【眼睛】图标，如图5-84所示。

图 5-84

08 选择第3帧，开启“3”图层前面的【眼睛】图标，如图5-85所示。

图 5-85

09 选择第4帧，开启“4”图层前面的【眼睛】图标，如图5-86所示。

图 5-86

10 选择第5帧，开启“5”图层前面的【眼睛】图标，如图5-87所示。

图 5-87

11 选择第6帧，开启“6”图层前面的【眼睛】图标，如图5-88所示。

图 5-88

12 直接单击每一帧下方的时间数字，即可为每一帧设定持续时间，将1~4帧的持续时间设置为“0.1”，第5帧的持续时间设置为“0.2”，第6帧的持续时间设置为“0.5”。单击【播放】图标，预览动画效果。将

【循环选项】设置为【永远】。选择【文件】→【存储为Web所用格式】，如图5-89所示。将【文件名】改为“生气动态”，选择动态表情保存路径，设置为GIF格式，单击【存储】。“生气”动态表情制作完成。

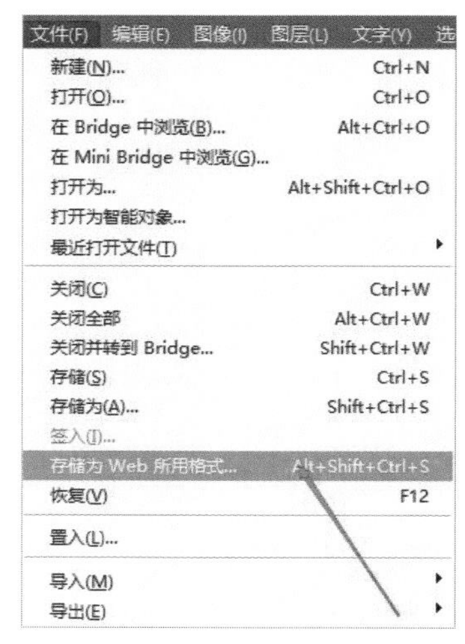

图5-89

5.2.4 制作“加油”动态表情

01 打开PS，选择【文件】→【新建】，设置【宽度】为780像素，【高度】为780像素，【分辨率】为100像素/英寸，【背景内容】为透明，单击【确定】。

02 打开在5.1.5小节中制作的PSD文件“加油1”“加油2”。

03 分别在文件“加油1”“加油2”中选中所有图层，单击鼠标右键，选择【合并图层】。

04 将合并后的图层都拖到新建的文件里，“加油1”在新文件中的图层名为“图层19副本”，“加油2”在新文件中的图层名为“图层21副本”。

05 使用【横排文字工具】，分别打出“加”“油”，将字号设置为48点，字体可以根据自己的喜好设定。

06 分别复制文字图层“加”和“油”，将字号设为60点，字体样式可根据自己的喜好设定，如图5-90所示。

图5-90

07 单击【窗口】，选择【时间轴】，调出【时间轴】面板。单击【创建帧动画】，如图5-91所示，再单击3次【复制所选帧】，一共得到4个帧图层。

图5-91

08 选择第1帧，开启“背景”图层、“图层19副本”图层、字号为48点的“加”字所在图层和字号为60点的“油”字所在图层前面的【眼睛】图标，如图5-92所示。

图 5-92

09 选择第2帧，开启“背景”图层、“图层 21 副本”图层、字号为60点的“加”字所在的图层和字号为48点的“油”字所在图层前面的【眼睛】图标，如图5-93所示。

图 5-93

10 选择第3帧，开启“背景”图层、“图层 19 副本”图层、字号为48点的“加”字所在图层和字号为60点的“油”字所在图层前面的【眼睛】图标，如图5-94所示。

图 5-94

11 选择第4帧，开启“背景”图层、“图层 21 副本”图层、字号为60点的“加”字所在图层和字号为48点的“油”字所在图层前面的【眼睛】图标，如图5-95所示。

图 5-95

12 直接单击每一帧下方的时间数字，即可为每一帧设定持续时间，将每一帧的持续时间设置为“0.2”。单击【播放】图标，预览动画效果。将【循环选项】设置为【永远】。选择【文件】→【存储为Web所用格式】，如图5-96所示。将【文件名】改为“加油动态”，选择动态表情保存路径，设置为GIF格式，单击【存储】。“加油”动态表情制作完成。

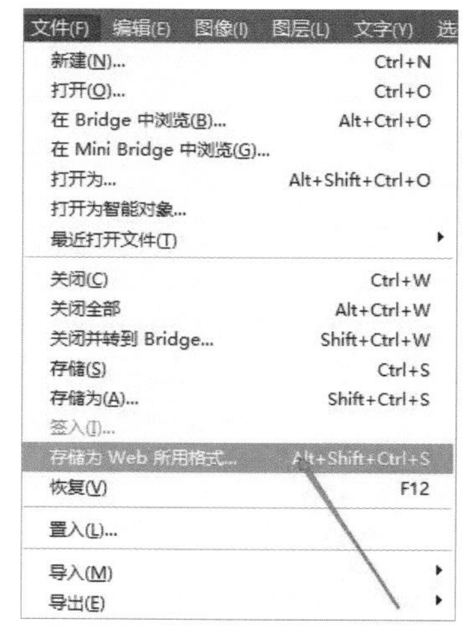

图 5-96

第6章 “长颈鹿”表情包制作案例

在本章中，我们将在6.1节学习如何在PS中制作一个长颈鹿的基本轮廓，在6.2节学习如何在PS中将制作好的长颈鹿表情文件制作成动态表情包。

6.1 制作表情包静态原型

在6.1节中，首先使用PS制作长颈鹿的基本轮廓，然后依次制作“扭扭扭”“去兜风”“下雨了”“心情不错”表情文件。长颈鹿基本轮廓的绘制比较复杂，在绘制时要注意线条流畅和表情造型准确；在绘制不同的表情时，可以根据案例的制作过程进行自我喜好的改造。

6.1.1 绘制“扭扭扭”表情

01 打开PS，选择【文件】→【新建】。

02 将【宽度】和【高度】均设置为800像素，【分辨率】设置为72像素/英寸，单击【确定】，如图6-1所示。

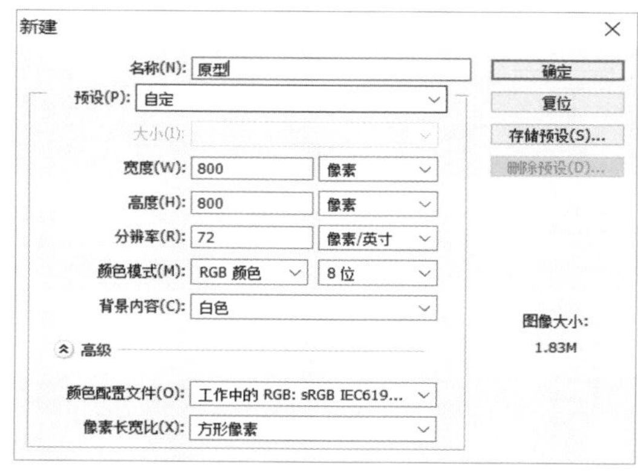

图6-1

03 打开【拾色器】，选择的颜色编号为“f6ac31”，如图6-2所示。

04 选择PS左侧工具栏中的【钢笔工具】，如图6-3所示。

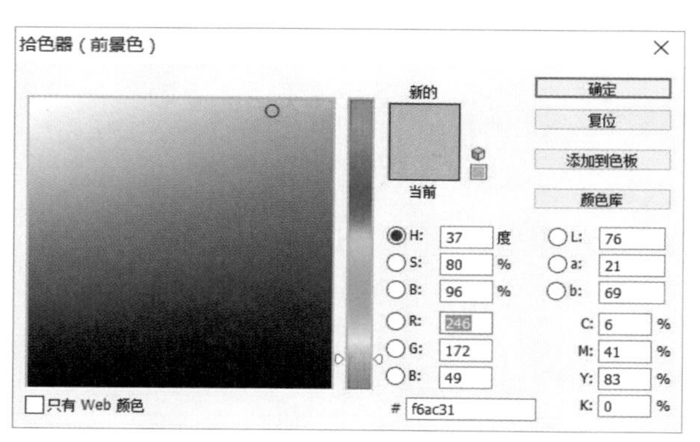

图6-2

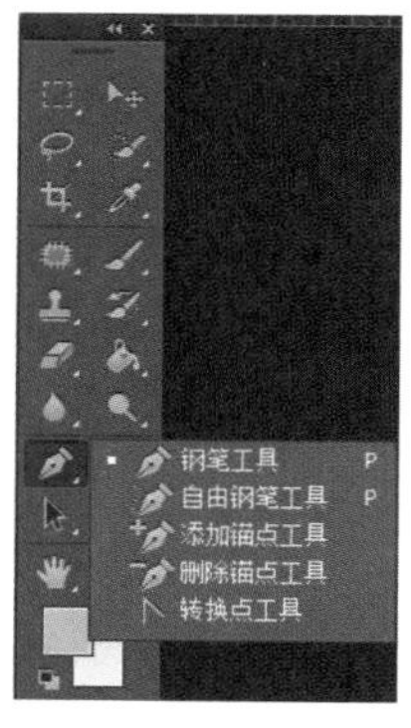

图6-3

05 使用【钢笔工具】绘制出长颈鹿的头和身体，效果如图6-4所示。

06 使用【钢笔工具】绘制出长颈鹿的左手臂和右手臂，效果如图6-5所示。

图6-4

图6-5

07 打开【拾色器】，选择的颜色编号为“da4e0e”，如图6-6所示，用于后面绘制长颈鹿身上的斑点。

08 新建图层，使用【椭圆选框工具】，如图6-7所示，绘制长颈鹿的斑点。

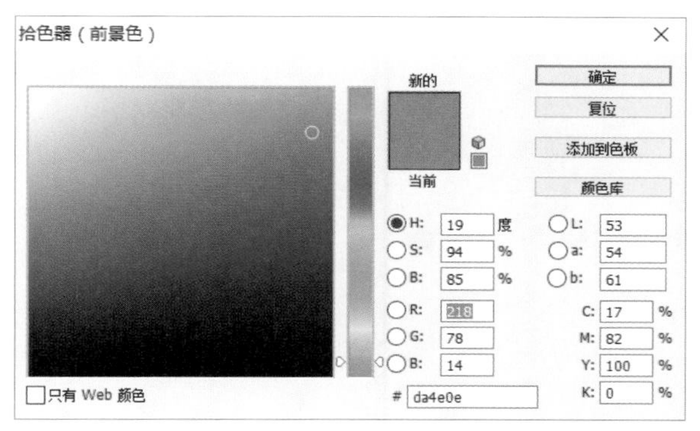

图6-6

矩形选框工具 M
椭圆选框工具 M
单行选框工具
单列选框工具

图6-7

09 用【椭圆选框工具】绘制圆形或按住【Shift】键使用【椭圆选框工具】绘制正圆形，并使用【油漆桶工具】在选区内填充颜色，作为长颈鹿身上的斑点，如图6-8所示。

10 重复以上步骤，绘制长颈鹿身上所有的斑点。不完整的斑点可以在填充颜色后将超出身体的部分用【橡皮擦工具】擦除。注意要留出肚子的部分，可以参照图6-8中的样式绘制。

11 新建图层，用和绘制斑点相同的方法绘制两个正圆作为长颈鹿的眼睛，填充颜色的编号为“562D20”，效果如图6-9所示。

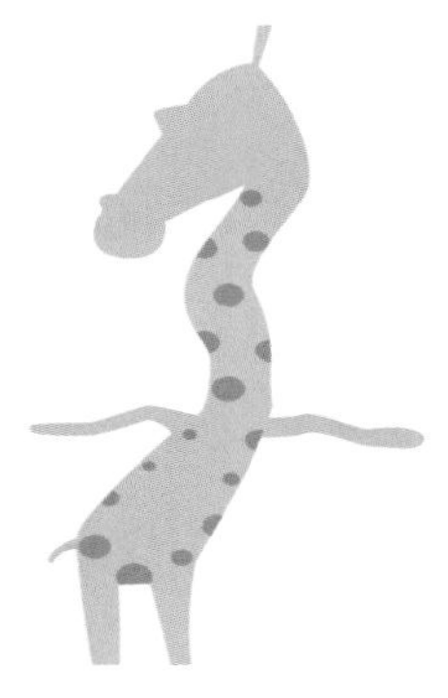

图6-8

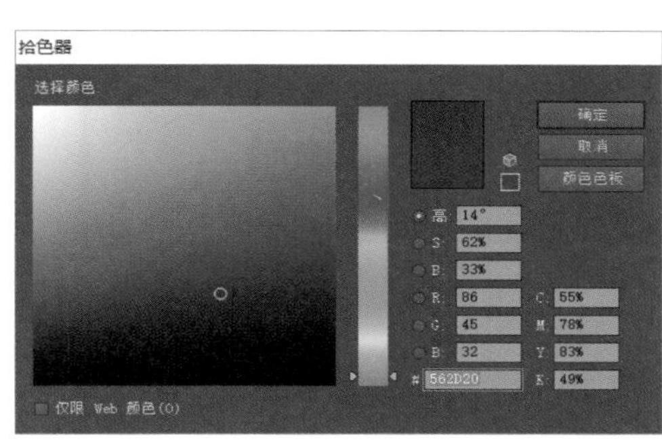

图6-9

图6-10

12 使用【钢笔工具】绘制出长颈鹿的手部，填充颜色与眼睛一致，效果如图6-10所示。

13 使用【钢笔工具】绘制长颈鹿的眉毛，填充颜色与眼睛一致，效果如图6-11所示。

14 使用【钢笔工具】绘制长颈鹿头上的角，填充颜色与身体一致，然后在角的顶部使用【椭圆选框工具】绘制两个圆形，填充颜色与眼睛一致，效果如图6-12所示。

15 新建图层，使用【椭圆选框工具】和【油漆桶工具】绘制长颈鹿的鼻孔，填充颜色的编号为“562D20”。效果如图6-13所示。

图6-11　　图6-12　　图6-13

16 使用【钢笔工具】绘制长颈鹿的嘴，填充颜色的编号为“562D20”，效果如图6-14所示。

17 使用【钢笔工具】绘制长颈鹿可爱的耳朵，填充颜色的编号为“cc4c16”效果如图6-15所示。

18 使用【钢笔工具】绘制长颈鹿的刘海，填充颜色的编号为“562D20”。至此，长颈鹿的头部绘制完成，效果如图6-16所示。

图6-14　　图6-15　　图6-16

19 使用【钢笔工具】绘制长颈鹿的肚子，选择的颜色编号为“fcd57f”，如图6-17所示。

20 这样可爱的肚子就绘制完成了，效果如图6-18所示。

21 使用【钢笔工具】绘制长颈鹿的尾巴，填充颜色的编号为“562D20”，效果如图6-19所示。

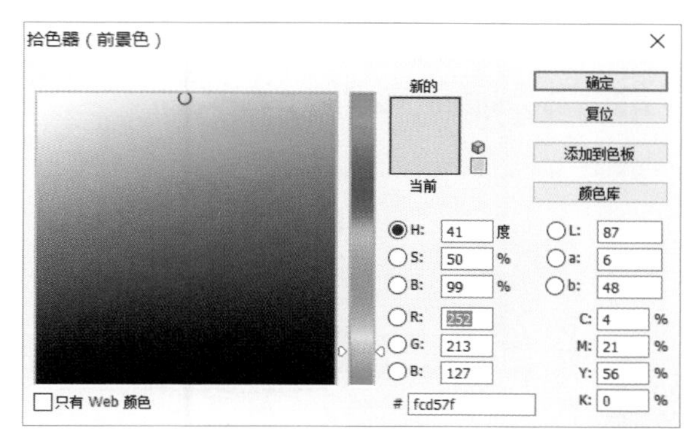

图6-17

22 使用【钢笔工具】绘制长颈鹿的双脚，填充颜色的编号为“562D20”。至此，“扭扭扭”表情绘制完成，效果如图6-20所示。

图6-18　　图6-19　　图6-20

23 选择【文件】→【存储为】，将【文件名】改为“扭扭扭”，将【格式】设置为PSD，选择存储路径，单击【保存】。

6.1.2 绘制“去兜风”表情

01 打开PS，选择【文件】→【新建】，如图6-21所示。

02 将【宽度】和【高度】均设置为800像素，【分辨率】为72像素/英寸，单击【确定】，如图6-22所示。

图6-21

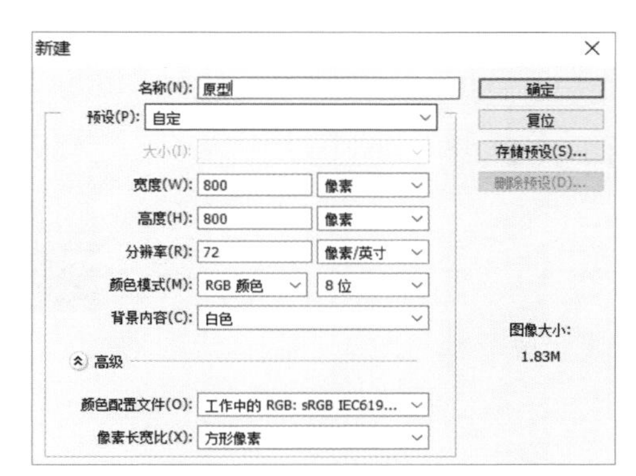

图6-22

03 准备绘制太阳。在【拾色器】中选择编号为“e9bd44”的颜色，如图6-23所示。

04 选择左侧工具栏中的【钢笔工具】，如图6-24所示。

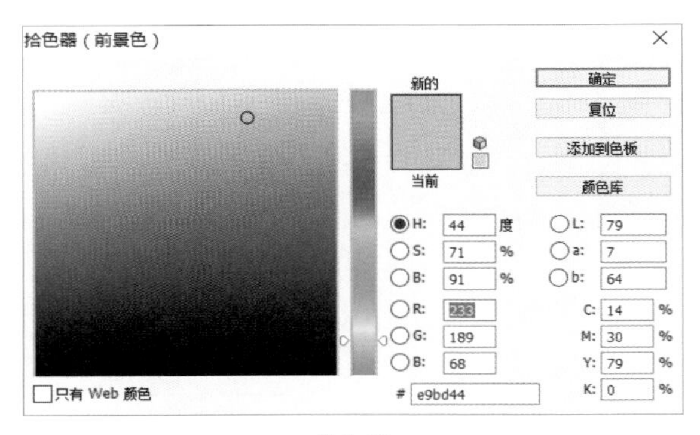

图6-23

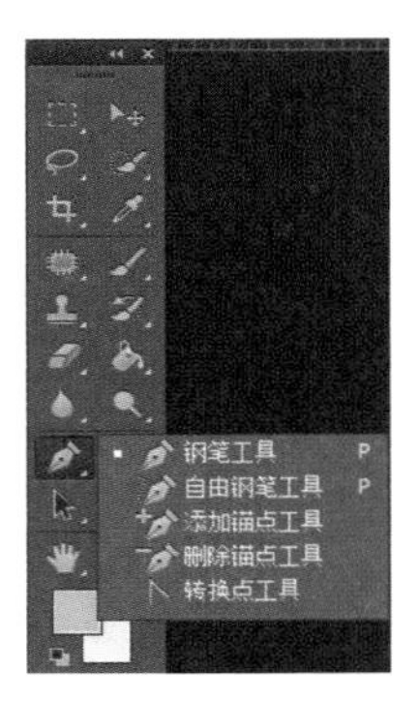

图6-24

05 使用【钢笔工具】绘制出太阳，效果如图6-25所示。

06 在【拾色器】中选择编号为“b8def5”的颜色，如图6-26所示。

图6-25

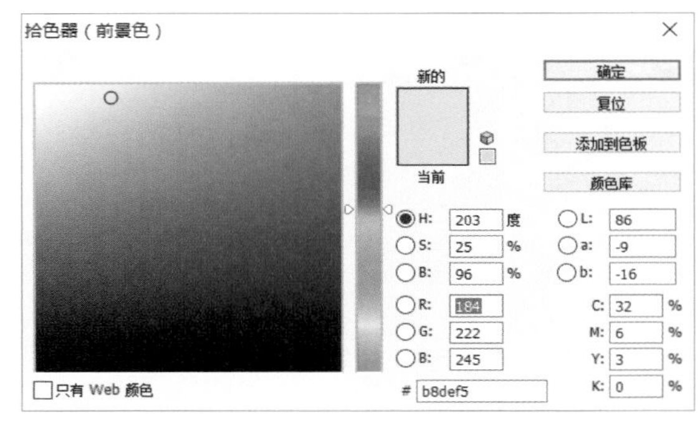

图6-26

07 新建图层，使用【画笔工具】绘制云朵，效果如图6-27所示。

08 在【拾色器】中选择编号为“da2d31”的颜色，如图6-28所示。

图6-27

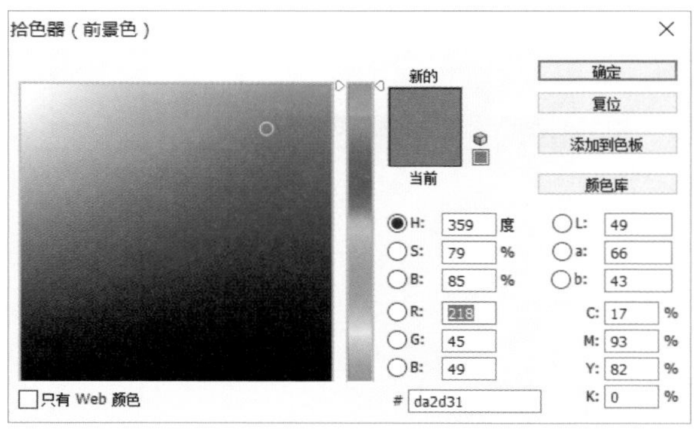

图6-28

09 使用【钢笔工具】绘制车身，然后绘制轮胎部分。轮胎中较浅的部分选用编号为“8b868a”的颜色，较深的部分选用编号为“775c64”的颜色，轮胎中间线条的颜色为“746f73”，方向盘和挡风玻璃的边框选用编号为“8b868a”的颜色，效果如图6-29所示。

10 选择【编辑】→【描边】，为汽车添加描边，描边的颜色编号为“5f3b0c”，这样一辆汽车就大致画好了，效果如图6-30所示。

图6-29

图6-30

11 准备绘制长颈鹿。在【拾色器】中选择编号为“f6ac31”的颜色，如图6-31所示。

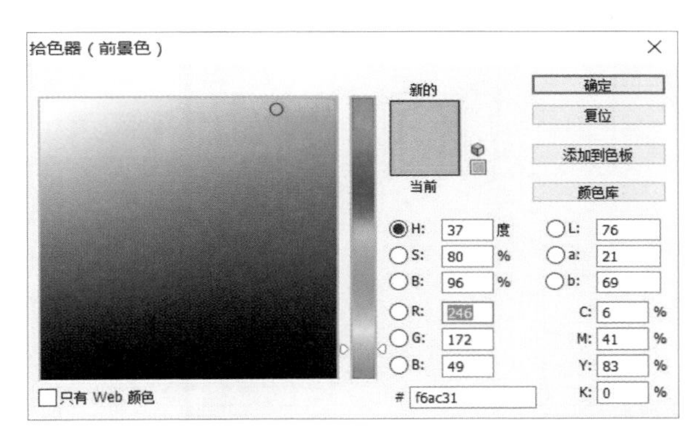

图6-31

12 使用【钢笔工具】，画出长颈鹿的身体，【描边】的颜色编号设置为“5f3b0c”，效果如图6-32所示。

13 在【拾色器】中选择编号为“da4e0e”的颜色，如图6-33所示，用于绘制长颈鹿身上的斑点。

图6-32

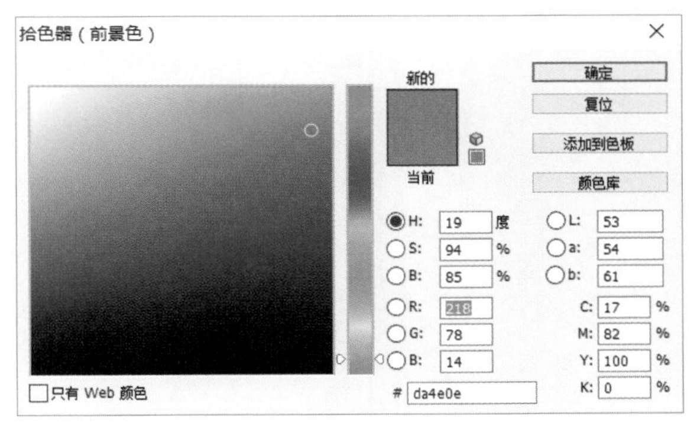

图6-33

14 选择【椭圆选框工具】，如图6-34所示。

15 新建图层，按住【Shift】键，画出正圆形，使用【油漆桶工具】在选区内填充颜色，再选择【编辑】→【描边】，描边的颜色编号为“5f3b0c”，效果如图6-35所示。

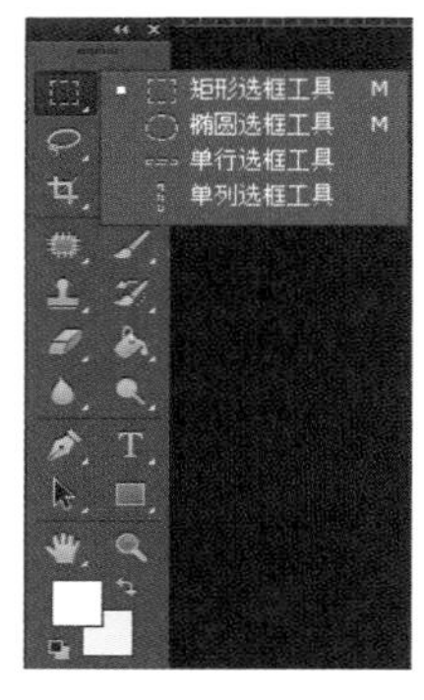

图 6-34

图 6-35

16 重复以上步骤，绘制长颈鹿身上所有的斑点，不完整的斑点可以将超出身体的部分用【橡皮擦工具】擦除，效果如图6-36所示。

17 在【拾色器】中选择编号为“562D20”的颜色，如图6-37所示。使用【钢笔工具】绘制长颈鹿的手，效果如图6-38所示。

图 6-36

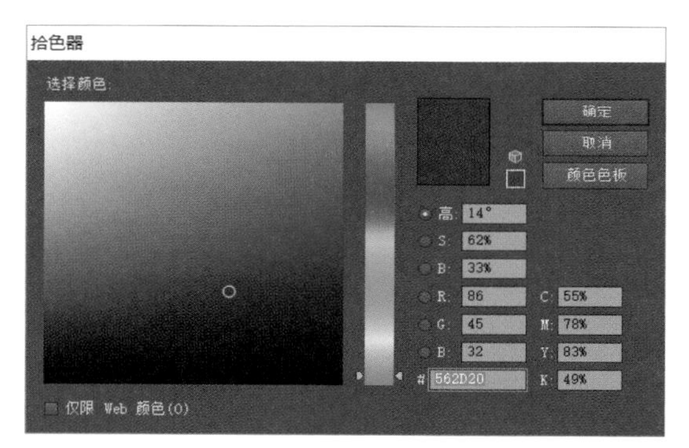

图 6-37

18 参考6.1.1小节长颈鹿五官的绘制方法，继续绘制长颈鹿的头部及五官的细节，绘制完成后给长颈鹿的眼睛、耳朵、刘海和角加上相同颜色的描边，描边颜色的编号为“6d4a2b”，效果如图6-39所示。

图 6-38

图 6-39

19 使用【钢笔工具】绘制围巾，然后在【拾色器】中选择编号为“5e8e68”的颜色进行填充，如图6-40所示。

20 至此，“去兜风”表情就绘制完成了，效果如图6-41所示。

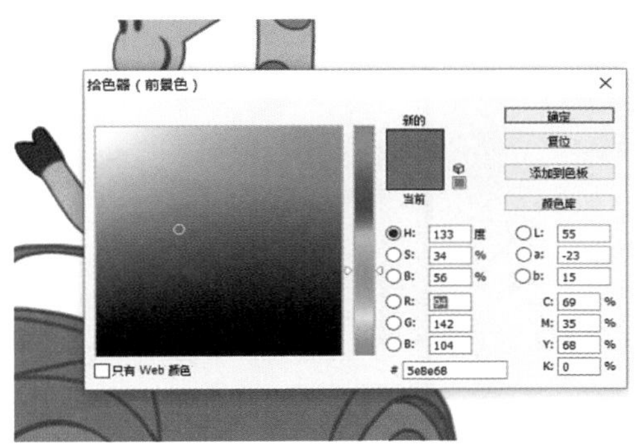

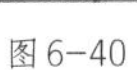

图 6-40

图 6-41

21 选择【文件】→【存储为】，将【格式】设置为PSD，将【文件名】改为“去兜风”，选择存储路径，单击【保存】。

6.1.3 绘制“下雨了”表情

01 打开PS，选择【文件】→【新建】，新建一个文件，如图6-42所示。

02 将【宽度】和【高度】均设置为800像素，【分辨率】设置为72像素/英寸，如图6-43所示，单击【确定】。

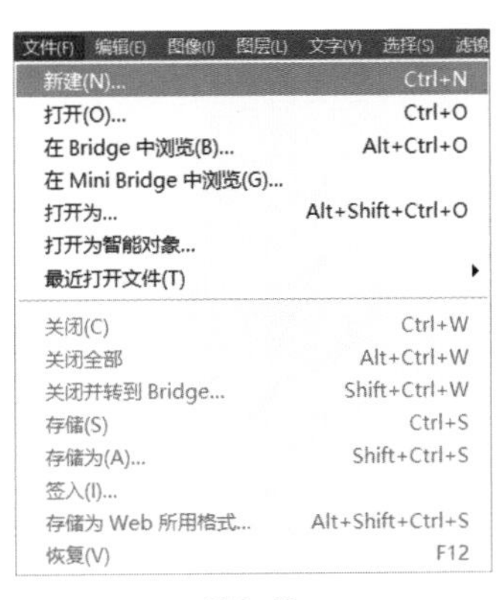

图 6-42

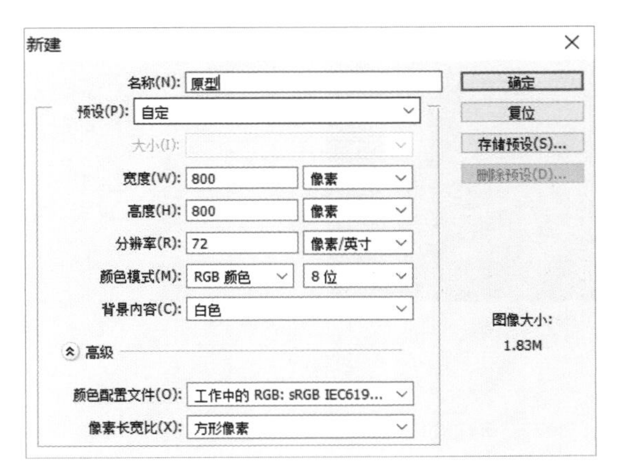

图 6-43

03 在【拾色器】中选择编号为“f6ac31”的颜色，如图6-44所示。

04 选择左侧工具栏中的【钢笔工具】，如图6-45所示。

05 使用【钢笔工具】画出长颈鹿大致的形状，效果如图6-46所示。

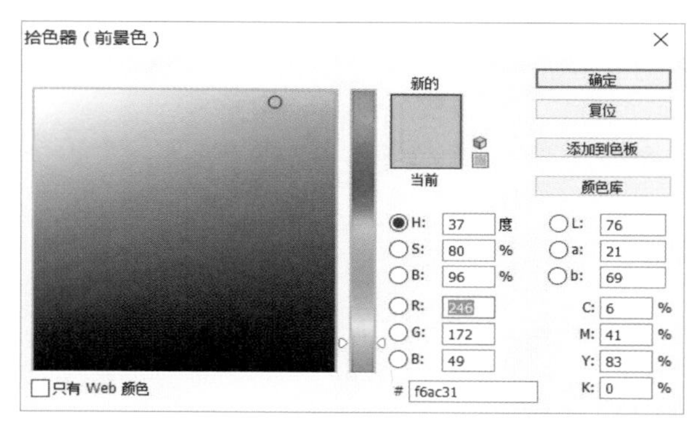

图 6-44

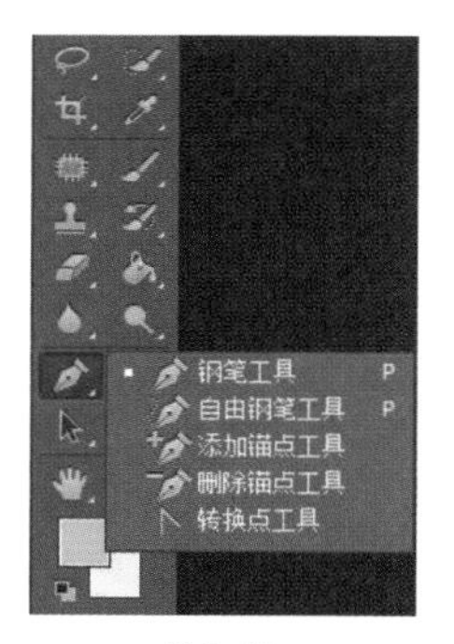

图 6-45

图 6-46

06 在【拾色器】中选择编号为“da4e0e”的颜色，如图6-47所示，绘制出长颈鹿的斑点。长颈鹿身体上的斑点的绘制可以参考6.1.1小节的教程。绘制长颈鹿身上所有的斑点后，效果如图6-48所示。

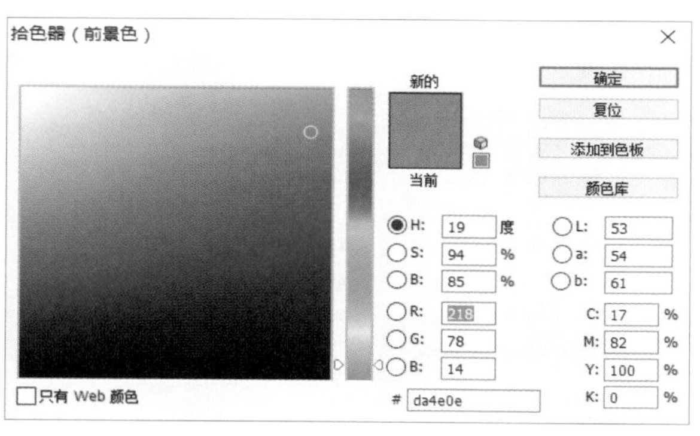

图 6-47

图 6-48

07 用6.1.2小节介绍的方法绘制长颈鹿的眼睛，效果如图6-49所示。

08 在【拾色器】中选择编号为“562D20”的颜色，如图6-50所示。使用【钢笔工具】绘制长颈鹿的手和脚并填充与眼睛一样的颜色，效果如图6-51所示。

图 6-49

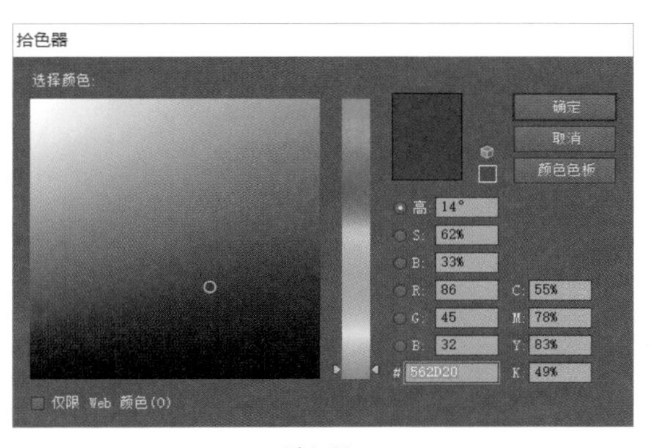

图6-50

图6-51

09 用6.1.1小节介绍的方法对头部的其他细节进行补充。注意，这里嘴的造型是向下弯曲的弧线，以表现出不高兴的情绪，效果如图6-52所示。

10 在【拾色器】中选择编号为“562D20”的颜色，如图6-53所示。使用【钢笔工具】绘制直线的伞柄。

图6-52

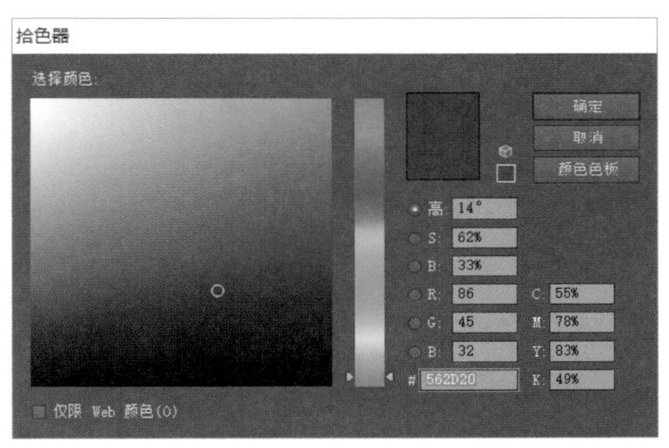

图6-53

11 在【拾色器】中选择编号为“282828”的颜色，如图6-54所示。使用【钢笔工具】绘制弯曲的伞把。

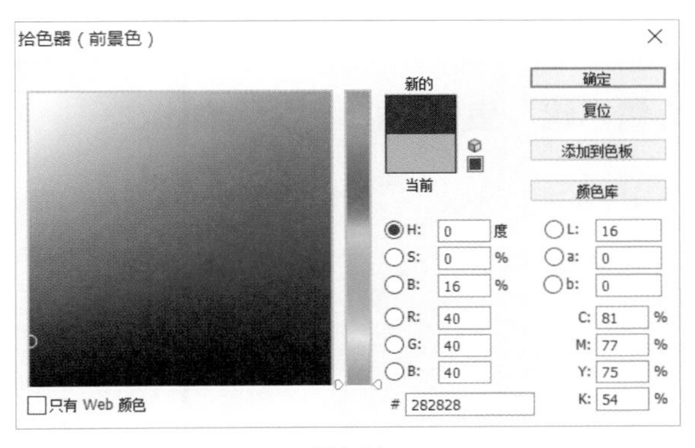

图6-54

12 在【拾色器】中选择编号为“13a6b1”的颜色，如图6-55所示。使用【钢笔工具】绘制伞。

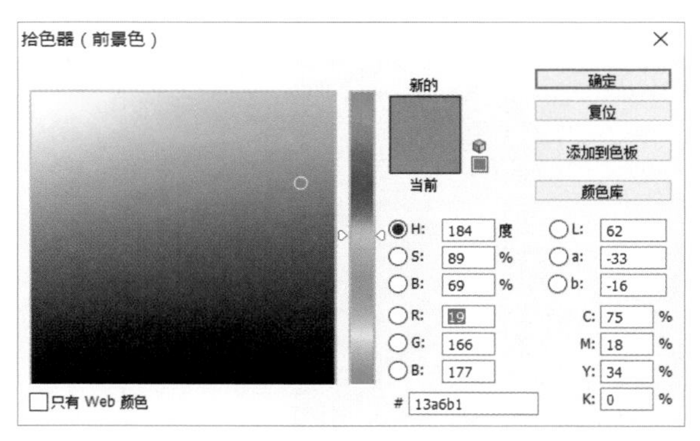

图 6-55

13 在【拾色器】中选择编号为“f1ab44”的颜色，使用【钢笔工具】绘制伞上的黄色花纹。这样伞的部分就画好了，效果如图6-56所示。

14 使用【钢笔工具】绘制雨滴，填充颜色的编号为“b9e0d7”，将雨滴进行复制、粘贴，形成下雨的场景。

15 在绘制过程中，要注意长颈鹿不高兴的表情，还要注意雨滴的数量及分布位置，尽量使其接近自然状态。至此，“下雨了”表情绘制完成，效果如图6-57所示。

图 6-56

图 6-57

16 选择【文件】→【存储为】，将【格式】设置为PSD，将【文件名】改为“下雨了”，选择存储路径，单击【保存】。

6.1.4 绘制“心情不错”表情

01 打开PS，选择【文件】→【新建】，新建一个文件，如图6-58所示。

02 将【宽度】和【高度】均设置为800像素，【分辨率】为72像素/英寸，单击【确定】，如图6-59所示。

图 6-58

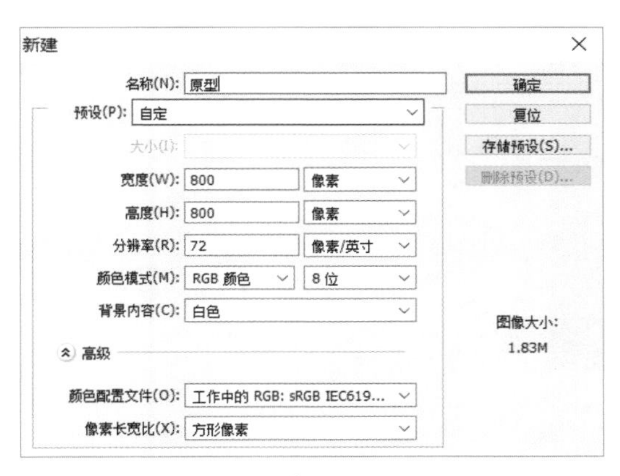

图 6-59

03 在【拾色器】中选择编号为“000000”的颜色，如图6-60所示，为绘制椅子边框做准备。

04 选择左侧工具栏中的【钢笔工具】，如图6-61所示。

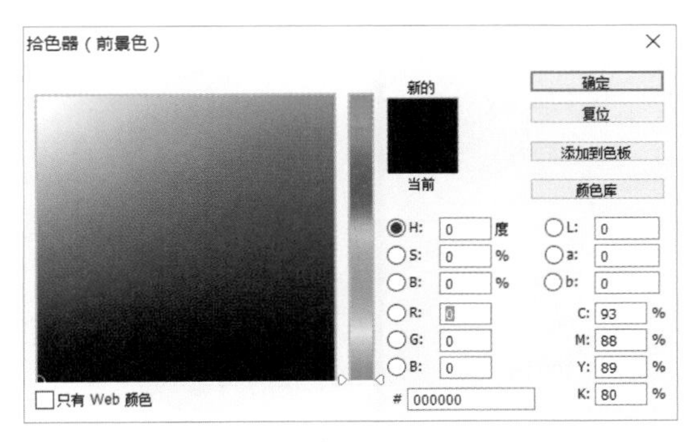

图 6-60

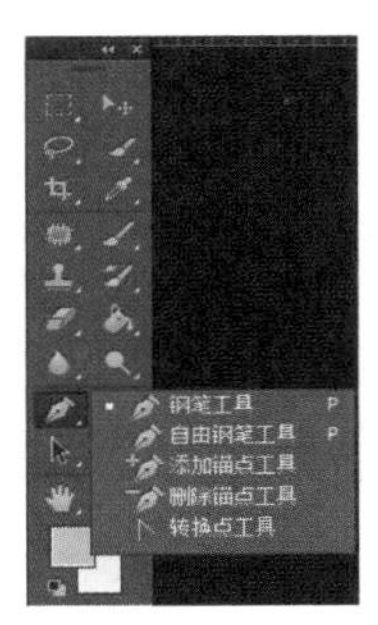

图 6-61

05 使用【钢笔工具】绘制椅子的边框，效果如图6-62所示。

06 在【拾色器】中选择编号为“a2f5ff”的颜色（淡蓝色），如图6-63所示。使用【钢笔工具】绘制椅子的靠垫部分。

图 6-62

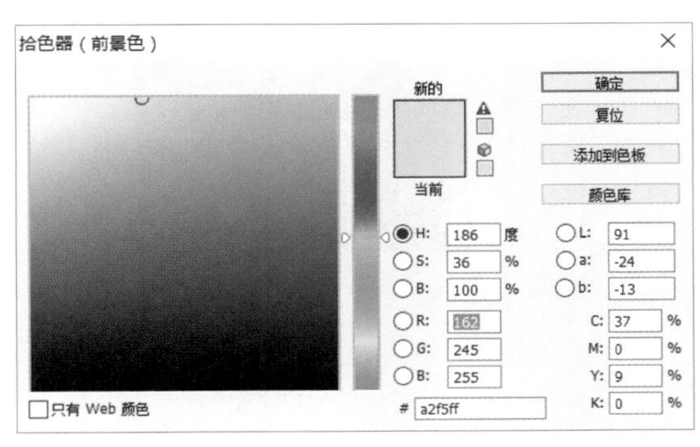

图 6-63

07 在【拾色器】中选择编号为“00c0ff”的颜色（深蓝色），如图6-64所示。

08 使用【钢笔工具】绘制椅子靠垫的阴影部分，效果如图6-65所示，椅子绘制完成。

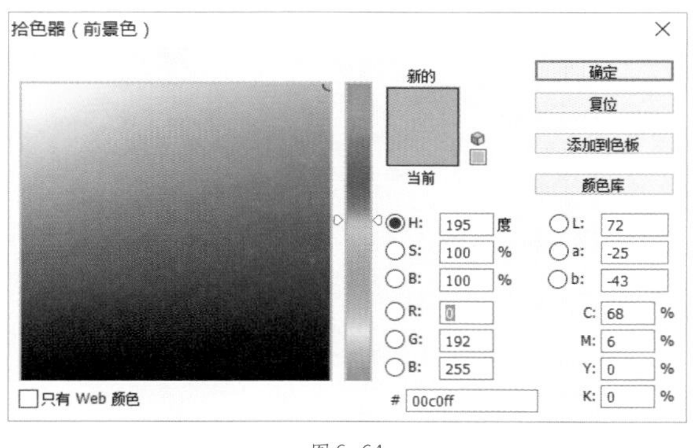

图 6-64

图 6-65

09 在【拾色器】中选择编号为“f5ac33”的颜色，如图6-66所示。

10 使用【钢笔工具】绘制长颈鹿的身体。注意，长颈鹿应该是躺在椅子上的，效果如图6-67所示。

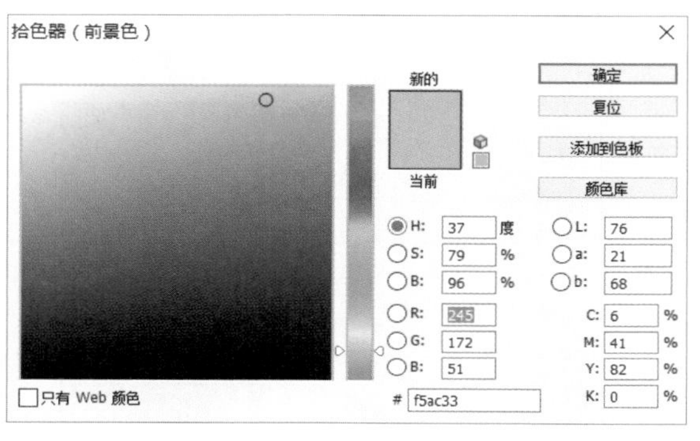

图 6-66

图 6-67

11 在【拾色器】中选择编号为“da4e0e”的颜色，如图6-68所示。

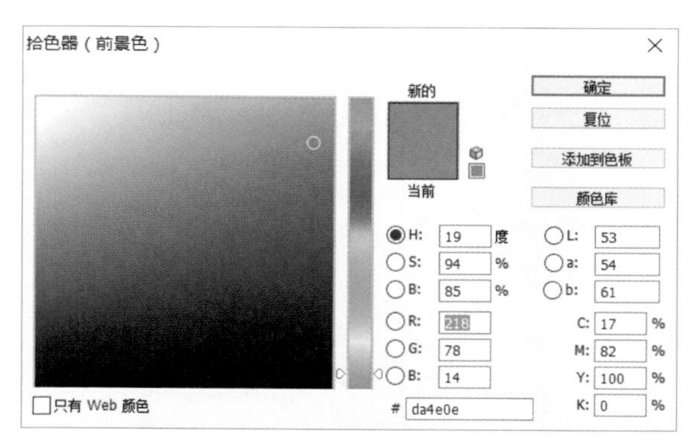

图 6-68

12 选择【椭圆选框工具】，如图6-69所示。

13 新建图层，按住【Shift】键绘制正圆形，绘制长颈鹿身上的斑点，使用【油漆桶工具】在选区内填充颜色。重复这个步骤绘制出所有的斑点后，将超出身体的部分用【橡皮擦工具】擦除。注意要留出肚子的部分，效果如图6-70所示。

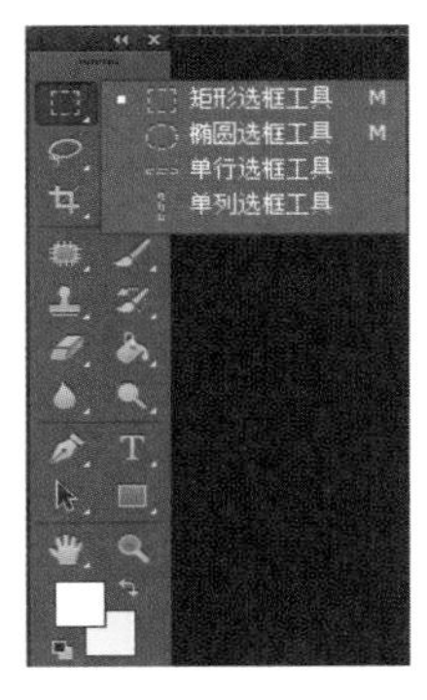

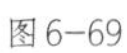
图6-69

图6-70

14 在【拾色器】中选择编号为“fcd57f”的颜色，如图6-71所示。使用【钢笔工具】绘制长颈鹿的肚子，效果如图6-72所示。

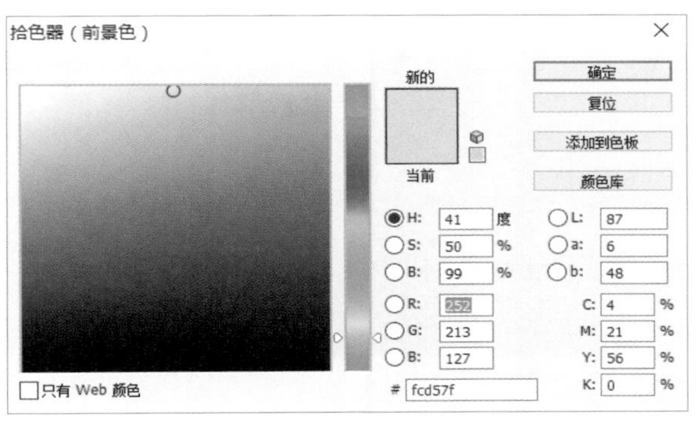

图6-71

图6-72

15 在【拾色器】中选择编号为“f6ac31”的颜色，使用【钢笔工具】绘制长颈鹿的手臂，效果如图6-73所示。

16 在【拾色器】中选择编号为“562D20”的颜色，如图6-74所示。使用【钢笔工具】绘制长颈鹿的手并填充颜色，效果如图6-75所示。

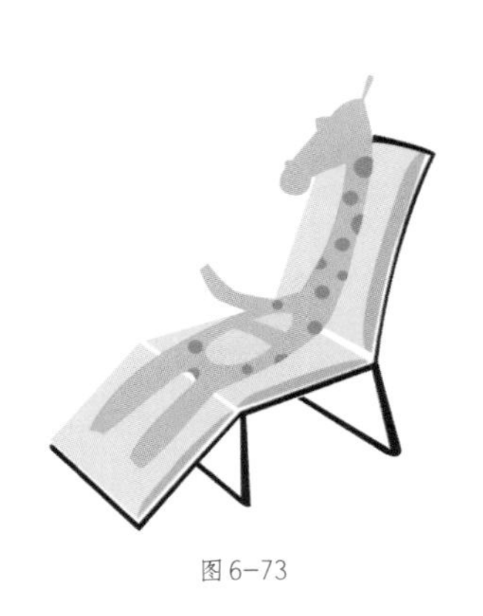
图6-73

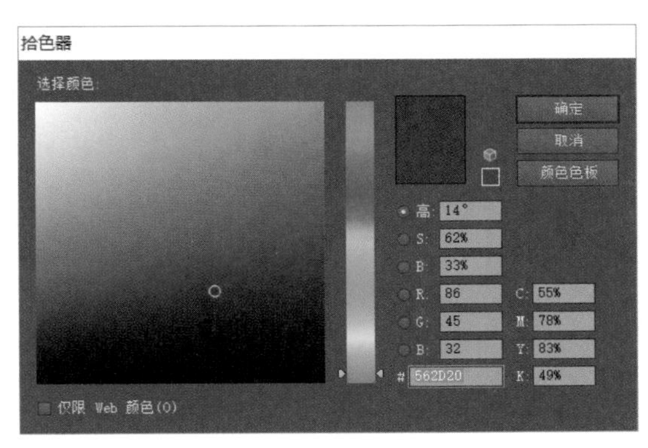

图6-74

17 参考6.1.1小节的教程，继续绘制长颈鹿的头部细节，效果如图6-76所示。

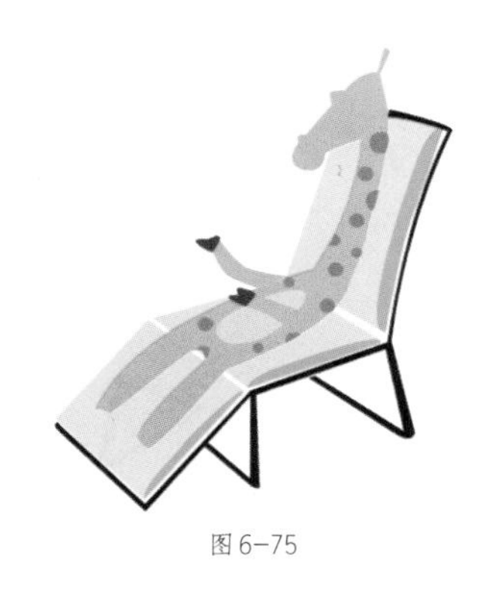

图 6-75

图 6-76

18 新建图层，选择【矩形选框工具】，如图6-77所示，绘制一个细长的矩形选区作为遮阳伞的伞柄。

19 在【拾色器】中选择编号为“7f8c8d”的颜色，如图6-78所示。使用【油漆桶工具】给选区填充颜色。

图 6-77

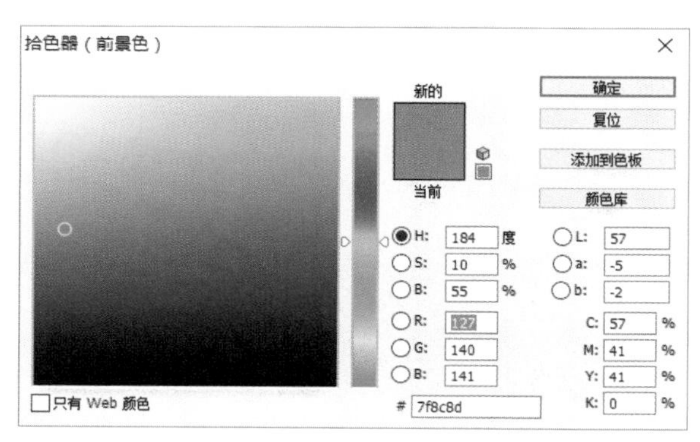

图 6-78

20 遮阳伞的伞柄绘制完成。应注意图层顺序，伞柄要放置在所有图层的下面，效果如图6-79所示。

21 在【拾色器】中选择编号为“e74c3c”的颜色，如图6-80所示。使用【钢笔工具】绘制遮阳伞。

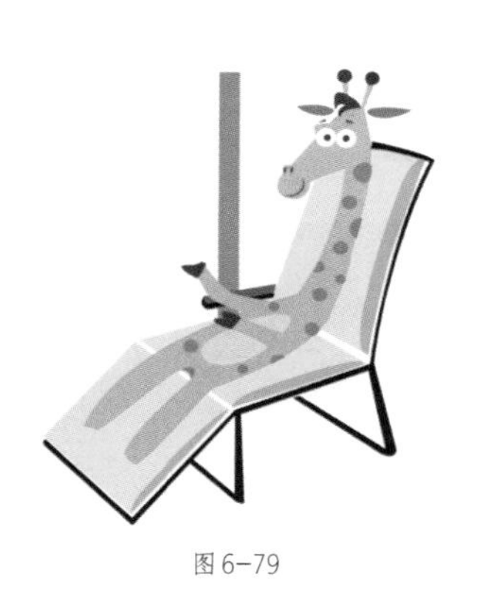

图 6-79

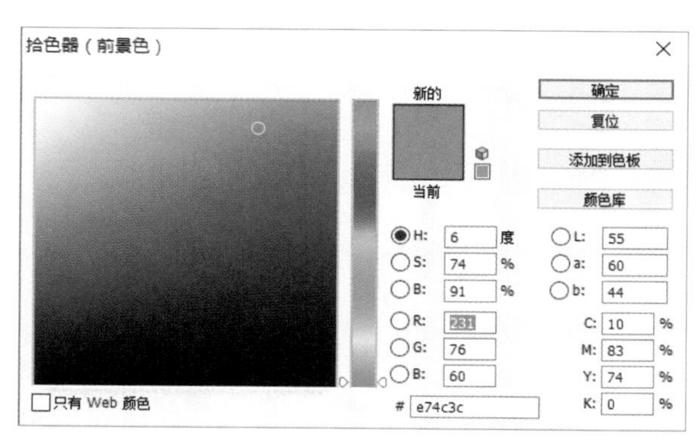

图 6-80

22 在【拾色器】中选择编号为“7f8c8d”的颜色，使用【钢笔工具】绘制遮阳伞上的灰色花纹，效果如图6-81所示。

23 使用【钢笔工具】绘制杯子和柠檬，为画面添加细节，其中杯子的填充颜色编号为“c0ffff”，杯口的填充颜色编号为“e3ffff”，柠檬皮和柠檬的中心部分的填充颜色编号为“ff9a00”，柠檬果肉部分的填充颜色为“ffff00”，注意图层顺序，效果如图6-82所示。

图6-81

图6-82

24 使用【钢笔工具】绘制杯子里的饮料，填充颜色的编号为“ffd7b6”和“ff7ca4”，如图6-83所示，以塑造杯子的立体感。

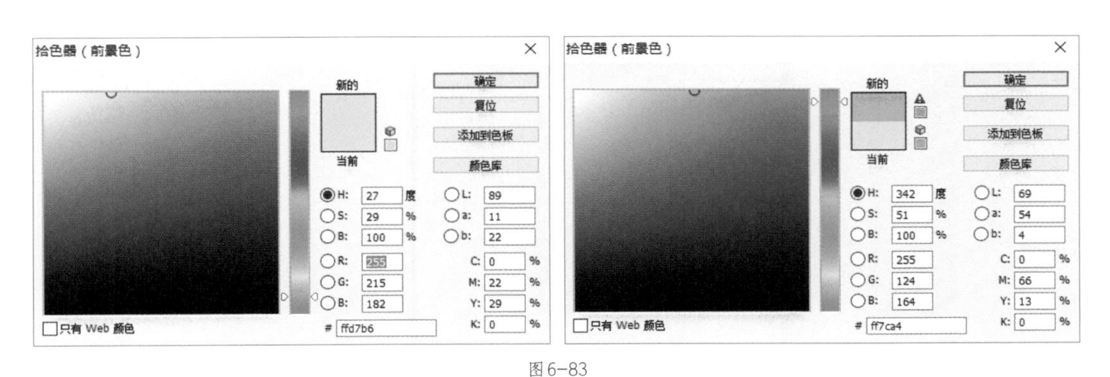

图6-83

25 至此，长颈鹿“心情不错”的表情绘制完成，效果如图6-84所示。

图6-84

26 选择【文件】→【存储为】，将【格式】设置为PSD，将【文件名】改为“心情不错”，选择存储路径，单击【保存】。

6.2 制作“长颈鹿”动态表情包

在6.2节中，主要使用在PS的时间轴中依次关闭可视图层这一方法来制作表情动画。在制作动画的过程中，应经常使用预览功能观看动画效果，直至得到满意的动画效果。

6.2.1 制作“扭扭扭”动态表情

01 打开PS，选择【文件】→【打开】，如图6-85所示。打开在6.1.1小节中制作的长颈鹿“扭扭扭”表情，将其另存为PNG格式的图片。

02 对“扭扭扭”表情文件中的长颈鹿的脖子进行反向扭转，将其另存为一个新的PSD文件，并另存为PNG格式的图片。选择【文件】→【打开】，打开2张PNG图片。

03 选择【窗口】→【时间轴】，如图6-86所示。

图6-85

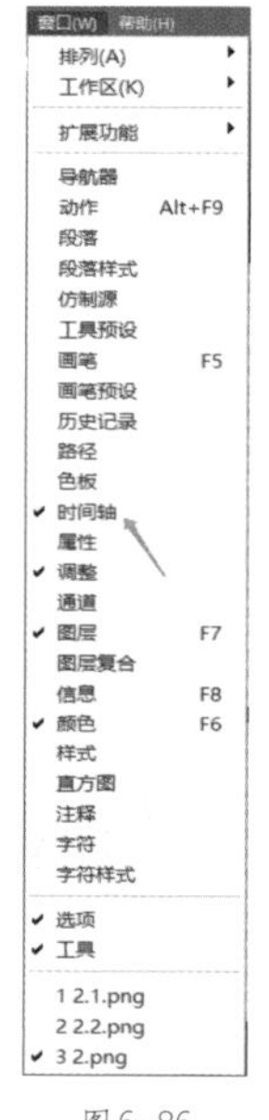

图6-86

04 单击第2张图片，使用【移动工具】，如图6-87所示，将其拖入第1张图片中。

05 放入后将两张图片的图层水平、垂直对齐。

06 单击【创建帧动画】，在【时间轴】中添加一个帧图层，单击【新建】图标再新建一个帧图层，如图6-88所示。

07 单击第1帧，关闭“图层1”左侧的【眼睛】图标，以隐藏图层1，如图6-89所示。

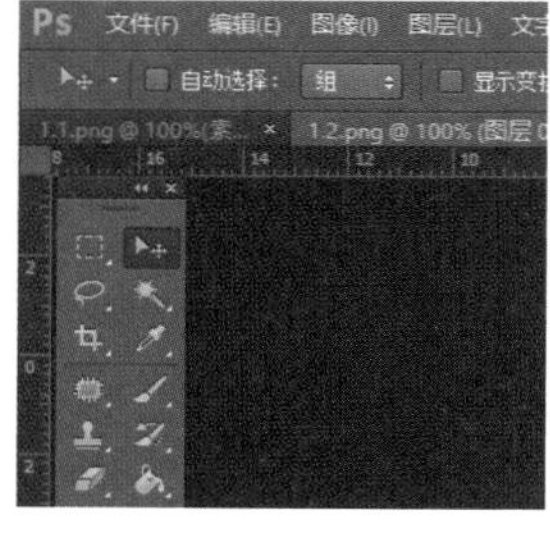

图6-87

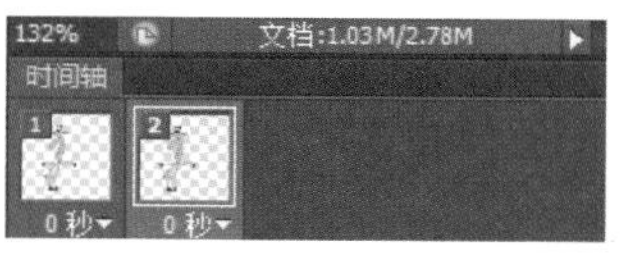

图6-88

图6-89

08 单击第2帧，关闭“图层0”左侧的【眼睛】图标，以隐藏图层0，如图6-90所示。

09 单击【播放】按钮后，可以看到长颈鹿的脖子“扭动”起来了。接下来，对“扭扭扭”表情文件中的长颈鹿手臂进行反向扭转的造型改造，合并所有图层。将合并后的图层拖到设置了时间轴的文件中，可以看到“图层2”。分别选中第1个和第2个帧图层，关闭“图层2”左侧的【眼睛】图标。在【时间轴】中再新建1个帧图层，如图6-91所示。

图6-90

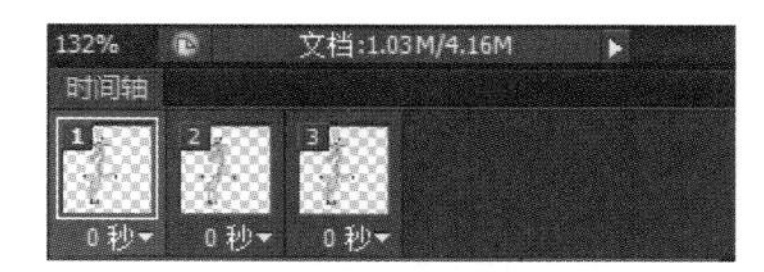

图6-91

10 选择第3个帧图层，关闭“图层1”和“图层2”左侧的【眼睛】图标。

11 按住【Shift】键，同时选中这3个帧图层，如图6-92所示。

12 将时间数值均改为0.3，如图6-93所示。

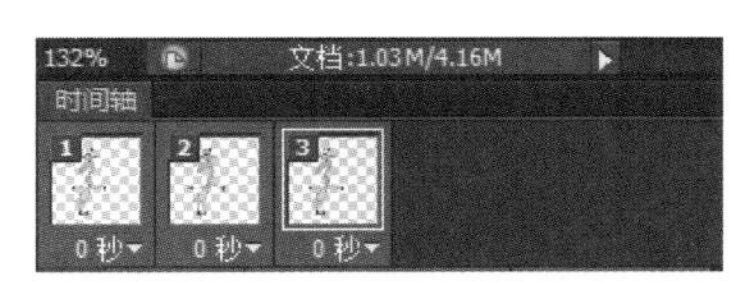

图6-92

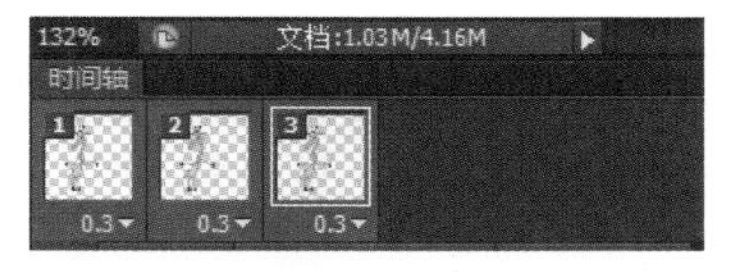

图6-93

13 将【循环选项】设置为【永远】，单击【播放】图标，预览动画效果。

14 选择【文件】→【存储为Web所用格式】，如图6-94所示。将【文件名】改为“扭扭扭 动态”，选择动态表情保存路径，设置为GIF格式，单击【存储】。“扭扭扭”动态表情制作完成。

图6-94

6.2.2 制作“去兜风”动态表情

01 打开PS，选择【文件】→【打开】，如图6-95所示。打开在6.1.2小节中制作的长颈鹿“去兜风”表情，另存为PNG格式的图片。

02 对“去兜风”表情文件中的长颈鹿举起的手臂和围巾进行上下摆动的造型改造，将其另存为一个新的PSD文件，并另存储为PNG格式的图片。在PS中打开这2张PNG图片。

03 选择【窗口】→【时间轴】，如图6-96所示。

图 6-95

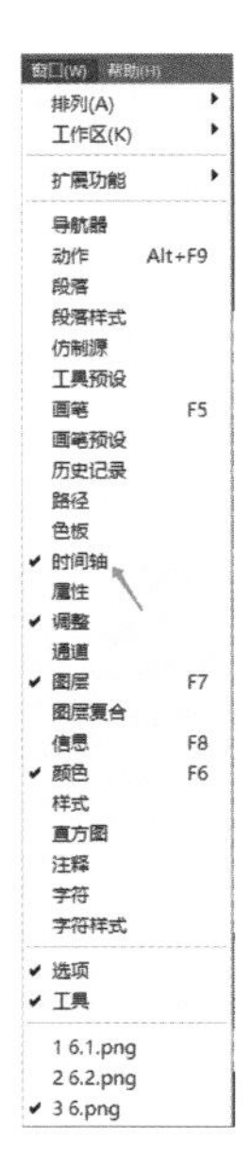

图 6-96

04 单击第2张图片，使用【移动工具】，如图6-97所示，将其拖入第1张图片中。

05 放入后将两张图片的图层水平、垂直对齐，如图6-98所示。

图 6-97

图 6-98

06 单击【创建帧动画】，单击【新建】图标，创建2个帧图层，如图6-99所示。

07 单击第1帧，如图6-100所示。

08 将“图层1”左侧的【眼睛】图标关闭，以隐藏“图层1”，如图6-101所示。

图 6-99

图 6-100

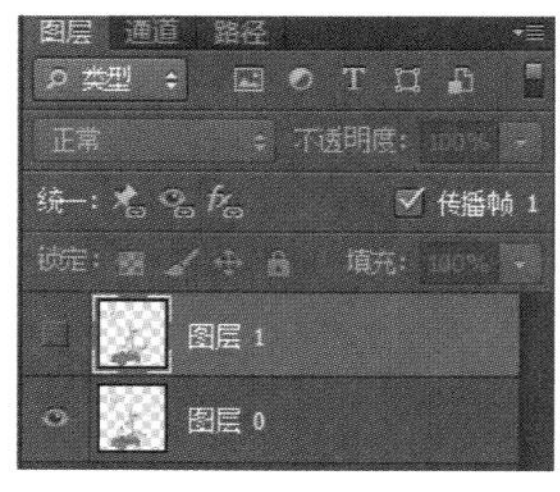

图 6-101

09 单击【时间轴】中的第2帧，如图6-102所示。

10 将“图层0”左侧的【眼睛】图标关闭，以隐藏图层0，如图6-103所示。

11 对“图层0”进行复制、粘贴，并将新图层重命名为“图层2”。注意，此时选中的是第2帧，“图层0”左侧的【眼睛】图标是关闭的，所以“图层2”左侧的【眼睛】图标也是关闭的。在每帧中都处于隐藏状态时，在【时间轴】中单击【新建】图标，添加新的帧图层，如图6-104所示。

图6-102

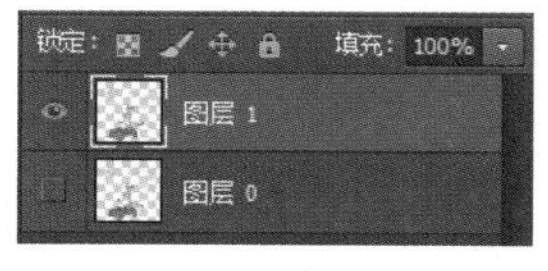

图6-103

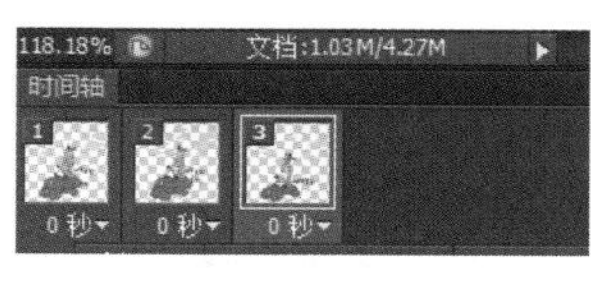

图6-104

12 选中第3个帧图层，将其他图层左侧的【眼睛】图标关闭，仅打开“图层2”左侧的【眼睛】图标，如图6-105所示。

13 按住【Shift】键，同时选中3个帧图层，如图6-106所示。将时间改为0.1秒，如图6-107所示。将【循环选项】设置为【永远】，单击【播放】图标，预览动画效果。

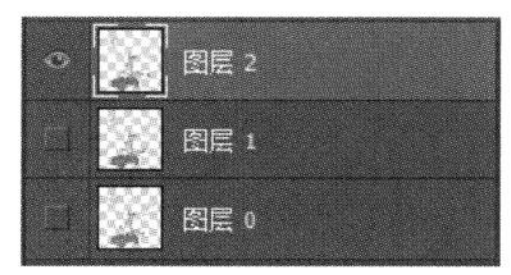

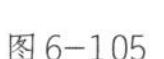
图6-105

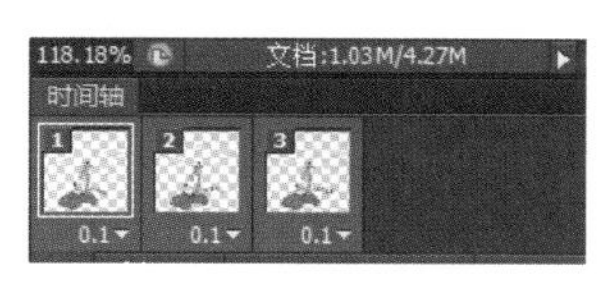

图6-106

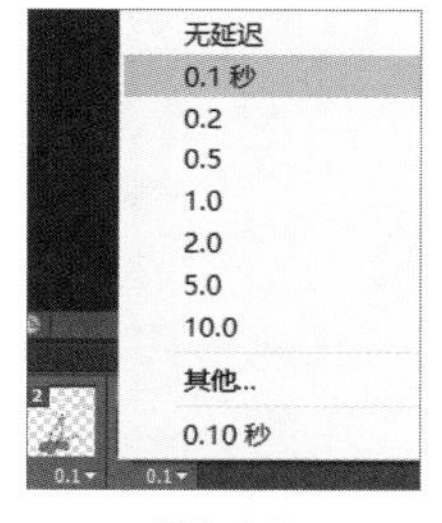

图6-107

14 选择【文件】→【存储为】，如图6-108所示，弹出【存储为】对话框，输入文件名，单击【保存】，文件存储为PSD源文件，方便再次修改或二度创作。

15 选择【文件】→【存储为Web所用格式】，如图6-109所示。将【文件名】改为“去兜风 动态”，选择动态表情保存路径，设置为GIF格式，单击【存储】。“去兜风”动态表情制作完成。

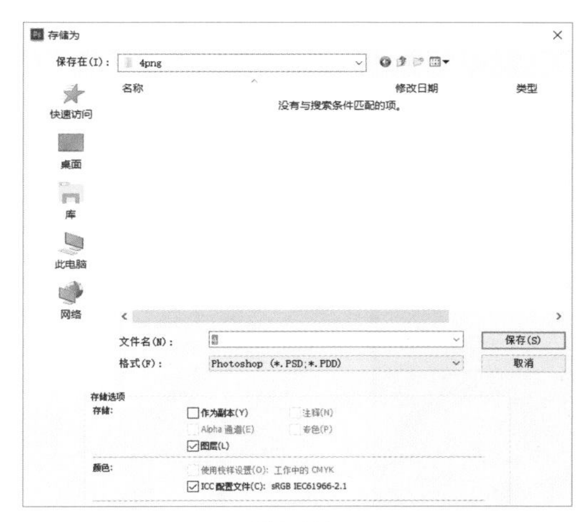

图6-108

图6-109

6.2.3 制作“下雨了”动态表情

01 打开PS，选择【文件】→【打开】，如图6-110所示。打开在6.1.3小节中制作的长颈鹿“下雨了”表情，将其另存为PNG格式的图片。

02 对“下雨了”表情文件中的雨点位置进行移动改造，将其另存为一个新的PSD文件，并存储为PNG格式的图片。在PS中打开这2张PNG图片。

03 选择【窗口】→【时间轴】，如图6-111所示。

文件(F) 编辑(E) 图像(I) 图层(L) 文字(Y) 选择(S) 滤镜
新建(N)... Ctrl+N
打开(O)... Ctrl+O
在 Bridge 中浏览(B)... Alt+Ctrl+O
在 Mini Bridge 中浏览(G)...
打开为... Alt+Shift+Ctrl+O
打开为智能对象...
最近打开文件(T)
关闭(C) Ctrl+W
关闭全部 Alt+Ctrl+W
关闭并转到 Bridge... Shift+Ctrl+W
存储(S) Ctrl+S
存储为(A)... Shift+Ctrl+S
签入(I)...
存储为 Web 所用格式... Alt+Shift+Ctrl+S
恢复(V) F12

图6-110

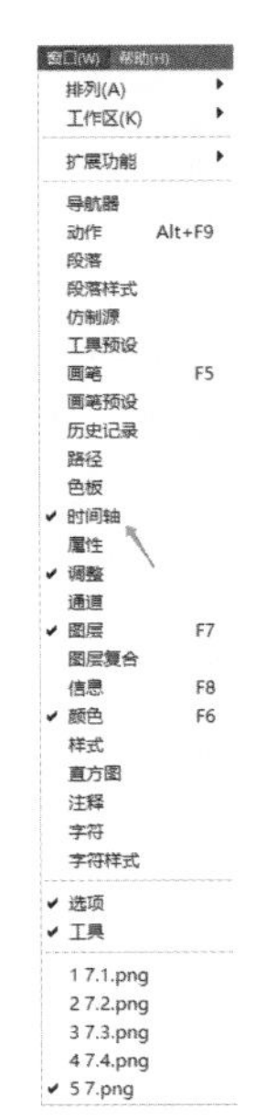

图6-111

04 选中第2张图片，使用【移动工具】，如图6-112所示，将其拖入第1张图片中。

05 放入后将两张图片的图层水平、垂直对齐，如图6-113所示。

06 单击【创建帧动画】，单击【新建】图标，创建2个帧图层，如图6-114所示。

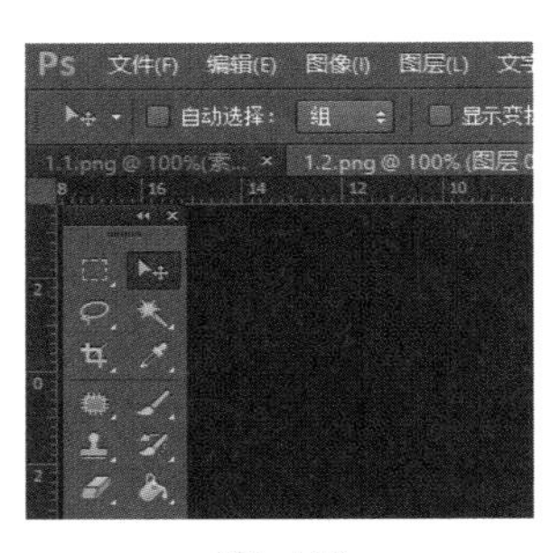

图6-112

图6-113

图6-114

07 单击第1帧，如图6-115所示。

08 将“图层1”左侧的【眼睛】图标关闭，以隐藏“图层1”，如图6-116所示。

09 单击第2帧，如图6-117所示。

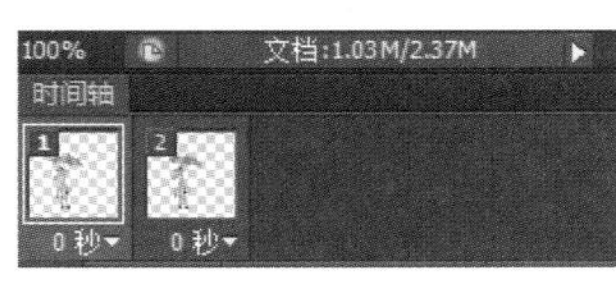

图6-115

图6-116

图6-117

10 关闭“图层0”左侧的【眼睛】图标，将“图层0”隐藏，如图6-118所示。

11 对“图层0”进行复制、粘贴，将新图层重命名为“图层2”，增加长颈鹿的眼泪。在【时间轴】中添加新的帧图层，如图6-119所示。

12 选中第3个帧图层，将其他图层左侧的【眼睛】图标关闭，仅打开“图层2”左侧的【眼睛】图标，如图6-120所示。

图6-118

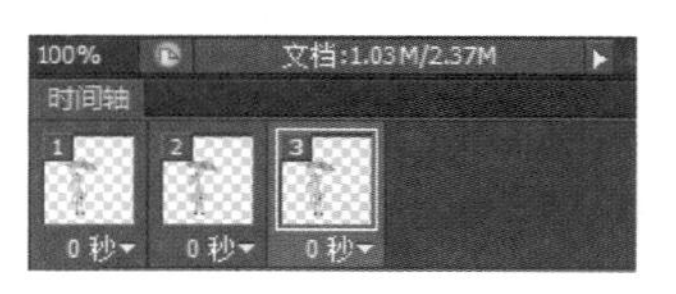

图6-119

图6-120

13 按照和上面相同的步骤，复制、粘贴“图层1”，将新图层重命名为“图层3”，增加长颈鹿的眼泪。在【时间轴】中添加新的帧图层，如图6-121所示。

14 选中第4个帧图层，将“图层0”“图层1”“图层2”隐藏，仅显示“图层3”，如图6-122所示。

15 复制、粘贴“图层0”，将新图层重命名为“图层4”，增加长颈鹿的眼泪。同样在【时间轴】中添加新的帧图层，如图6-123所示。

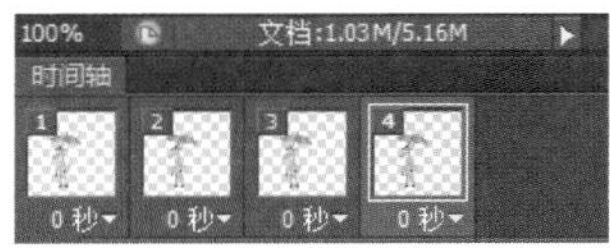

图6-121

图6-122

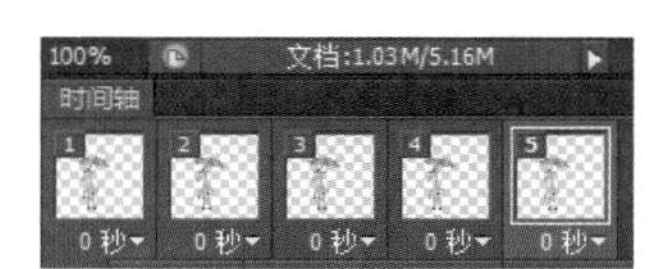

图6-123

16 选中第5个帧图层，隐藏其他图层，仅显示“图层4”，如图6-124所示。

17 按住【Shift】键，同时选中5个帧图层，将时间数值改为0.1秒，如图6-125所示。

18 将【循环选项】设置为【永远】，单击【播放】图标，预览动画效果。

19 选择【文件】→【存储为Web所用格式】，如图6-126所示。将【文件名】改为“下雨了 动态”，选择动态表情保存路径，设置为GIF格式，单击【存储】。“下雨了”动态表情制作完成。

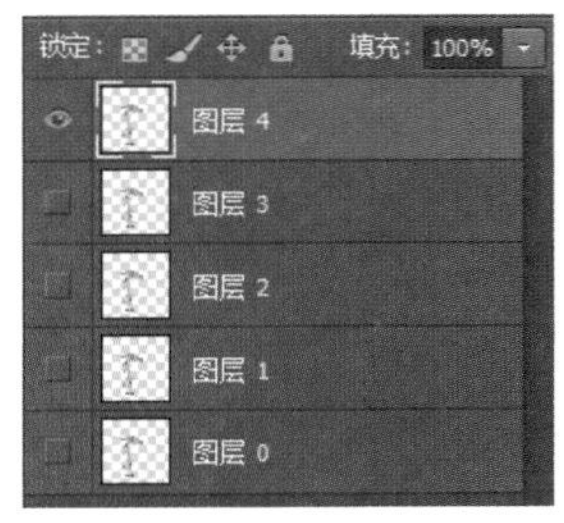

图6-124

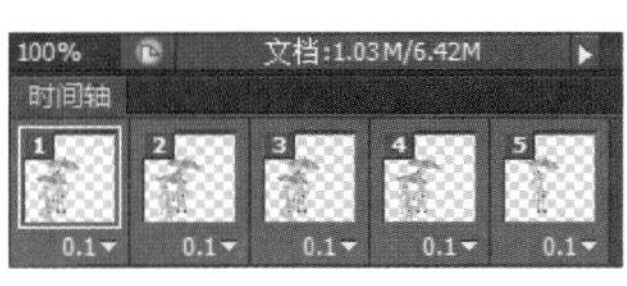

图6-125

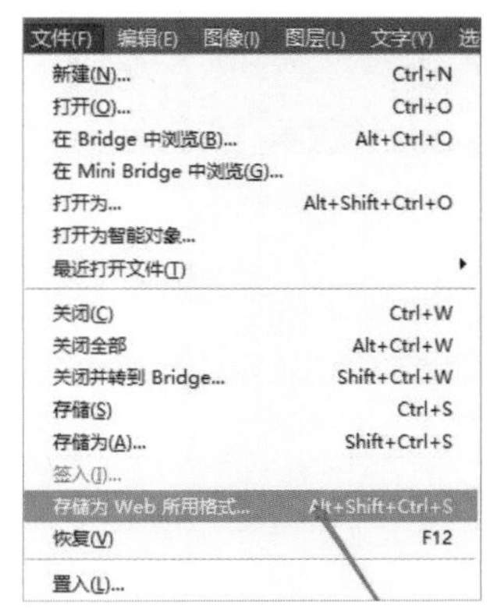

图6-126

6.2.4 制作“心情不错”动态表情

01 打开PS，选择【文件】→【打开】，如图6-127所示。打开在6.1.4小节中制作的长颈鹿“心情不错”表情，将其另存为PNG格式的图片。

02 对“心情不错”表情文件中长颈鹿拿杯子的手臂的位置进行移动改造，将其另存为一个新的PSD文件，并存储为PNG格式的图片。在PS中打开这2张PNG图片。

03 选择【窗口】→【时间轴】，如图6-128所示。

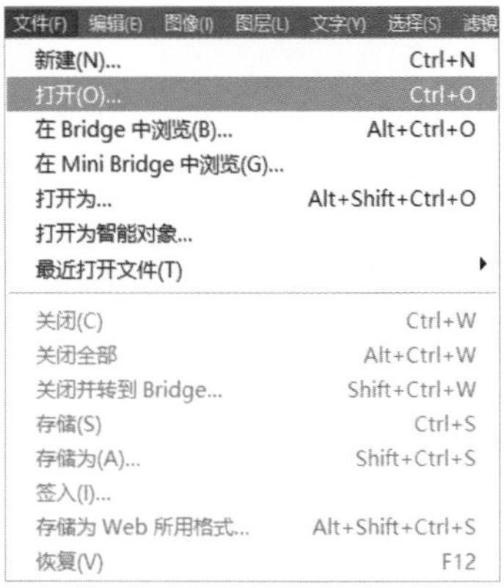

文件(F) 编辑(E) 图像(I) 图层(L) 文字(Y) 选择(S) 滤镜
新建(N)... Ctrl+N
打开(O)... Ctrl+O
在 Bridge 中浏览(B)... Alt+Ctrl+O
在 Mini Bridge 中浏览(G)...
打开为... Alt+Shift+Ctrl+O
打开为智能对象...
最近打开文件(T)
关闭(C) Ctrl+W
关闭全部 Alt+Ctrl+W
关闭并转到 Bridge... Shift+Ctrl+W
存储(S) Ctrl+S
存储为(A)... Shift+Ctrl+S
签入(I)...
存储为 Web 所用格式... Alt+Shift+Ctrl+S
恢复(V) F12

图6-127

窗口(W) 帮助(H)
排列(A)
工作区(K)
扩展功能
导航器
动作 Alt+F9
段落
段落样式
仿制源
工具预设
画笔 F5
画笔预设
历史记录
路径
色板
时间轴
属性
调整
通道
图层 F7
图层复合
信息 F8
颜色 F6
样式
直方图
注释
字符
字符样式
选项
工具
1 8.3.png
2 8.4.png
3 8.5.png
4 8.6.png
5 动图8.psd

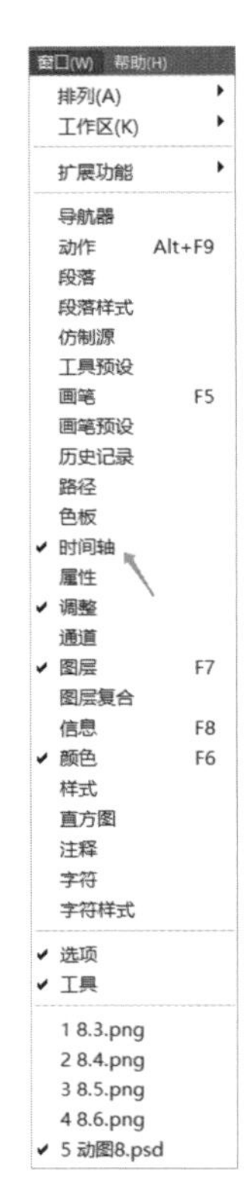

图6-128

04 选中第2张图片，使用【移动工具】，如图6-129所示，将其拖入第1张图片中。

05 按住【Shift】键单击，同时选中这2个图层，单击【垂直居中对齐】和【水平居中对齐】，如图6-130所示，将两张图片的图层水平、垂直对齐。

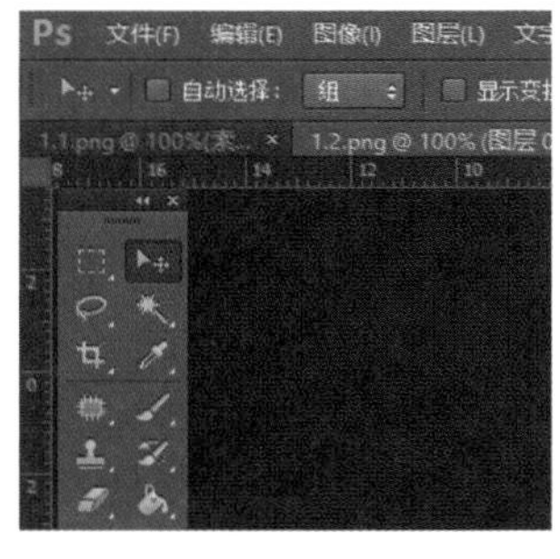

文件(F) 编辑(E) 图像(I) 图层(L)
自动选择： 组
显示变

图6-129

文件(F) 编辑(E) 图像(I) 图层(L) 文字(Y) 选择(S) 滤镜(T) 视图(V) 窗口(W) 帮助(H)
自动选择： 组
显示变换控件
垂直居中对齐
水平居中对齐

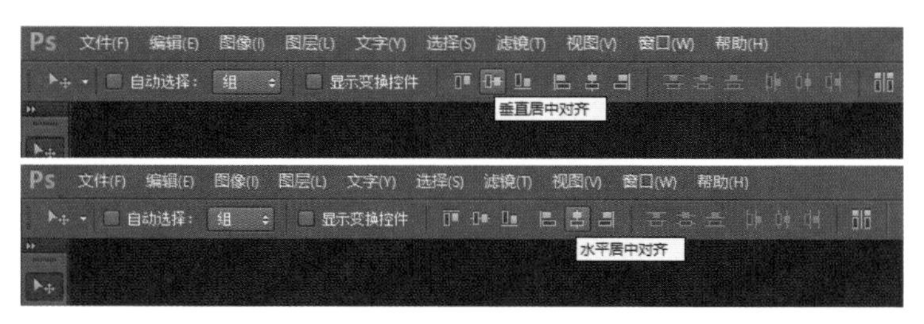

图6-130

06 单击【创建帧动画】，单击【新建】图标，创建2个帧图层，如图6-131所示。

07 单击第1个帧图层，关闭“图层2”左侧的【眼睛】图标，将“图层2”隐藏，如图6-132所示。

08 单击第2个帧图层，如图6-133所示。

09 关闭“图层1”左侧的【眼睛】图标，将“图层1”隐藏，如图6-134所示。

图6-131

图6-132

图6-133

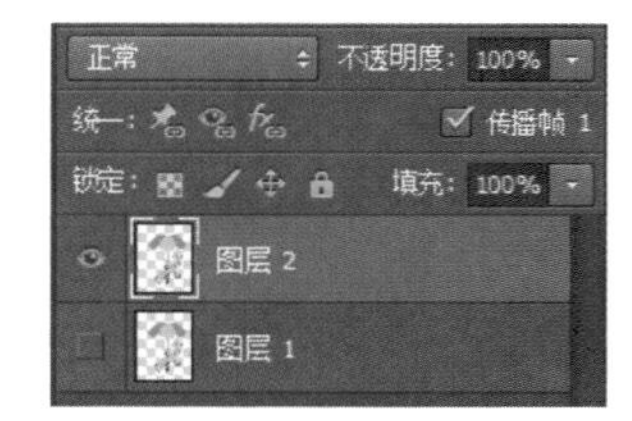

图6-134

10 复制、粘贴“图层1”，将新图层重命名为“图层3”，使用【套索工具】选中“图层3”中长颈鹿拿杯子的手臂，并使用【移动工具】改变手臂的位置。同时在【时间轴】中添加新的帧图层，如图6-135所示。

11 选中第3个帧图层，关闭其他图层左侧的【眼睛】图标，仅显示“图层3”，如图6-136所示。

12 使用类似方法制作“图层4”“图层5”。其中“图层4”中长颈鹿的嘴巴微张，吸管稍微抬起；“图层5”中杯子里面的饮料稍微减少一些。同时在【时间轴】中添加2个新的帧图层，如图6-137所示。

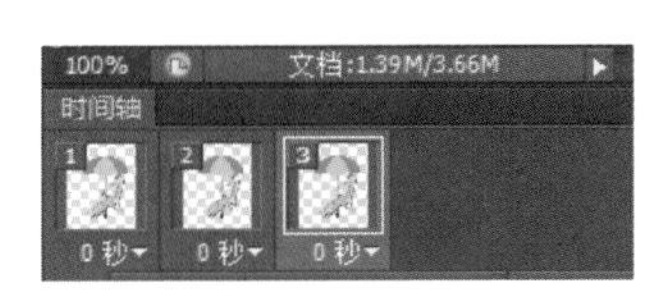

图6-135

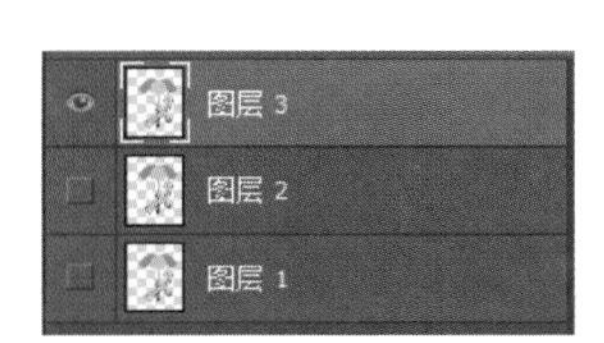

图6-136

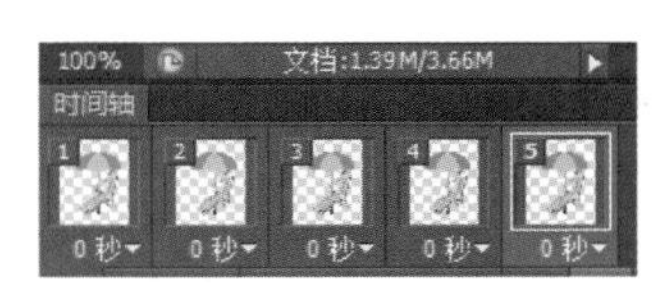

图6-137

13 选中第4个帧图层，仅显示“图层4”；选中第5个帧图层，仅显示“图层5”。

14 复制“图层5”，重命名为“图层6”，将杯子中的饮料再稍微减少一些，在【时间轴】中新建帧图层，如图6-138所示。

15 选中第6个帧图层，隐藏其他图层，仅显示“图层6”，如图6-139所示。

16 按住【Shift】键，同时选中6个帧图层，将时间数值改为0.2秒，如图6-140所示。

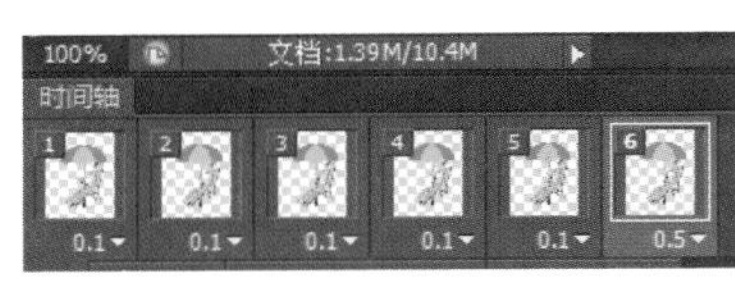

图6-138

图6-139

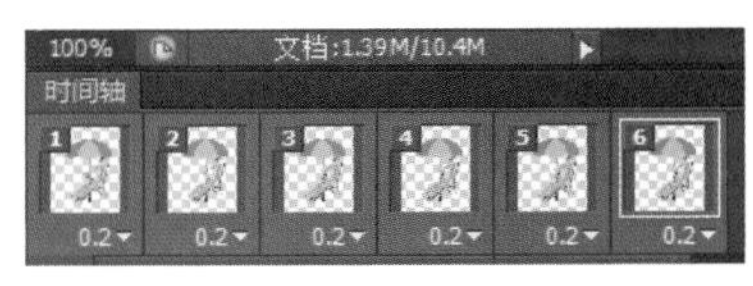

图6-140

17 将【循环选项】设置为【永远】，如图6-141所示。单击【播放】图标，预览动画效果。

18 选择【文件】→【存储为Web所用格式】，如图6-142所示。将【文件名】改为“心情不错 动态”，选择动态表情保存路径，设置为GIF格式，单击【存储】。“心情不错”动态表情制作完成。

图6-141

图6-142

第7章 “小熊”表情包制作案例

在本章中，我们将在7.1节学习如何在PS中制作一个造型可爱的小熊的基本轮廓和“别走”“要抱抱”表情文件，在7.2节学习如何在PS中将制作好的表情文件制作成动态表情包。

7.1 制作表情包静态原型

在7.1节中，我们首先使用PS制作小熊的基本轮廓，然后依次制作“小熊”的“别走”“要抱抱”表情文件。在制作小熊基本轮廓时，主要使用PS的基本型绘制工具和【钢笔工具】，在绘图的过程中应注意图层的分配和使用；在绘制小熊的不同表情时，应注意各种表情的主要特征、信息传递的准确性；可以根据案例的制作过程进行自我喜好的改造，以绘制出与众不同的作品。

7.1.1 绘制“小熊”基本轮廓

01 打开PS，如图7-1所示，选择【文件】→【新建】。如图7-2所示，单击【预设】右侧的下拉按钮，选择【国际标准纸张】，即纸张【大小】为A4，然后将【分辨率】设置为72像素/英寸，单击【确定】。

图 7-1

图 7-2

02 新建一个图层并将其命名为“脸”，如图7-3所示。

图 7-3

03 使用【钢笔工具】绘制脸的大致形状后，使用【转换点工具】调节控制点，绘制出平滑的图形，如图7-4所示。

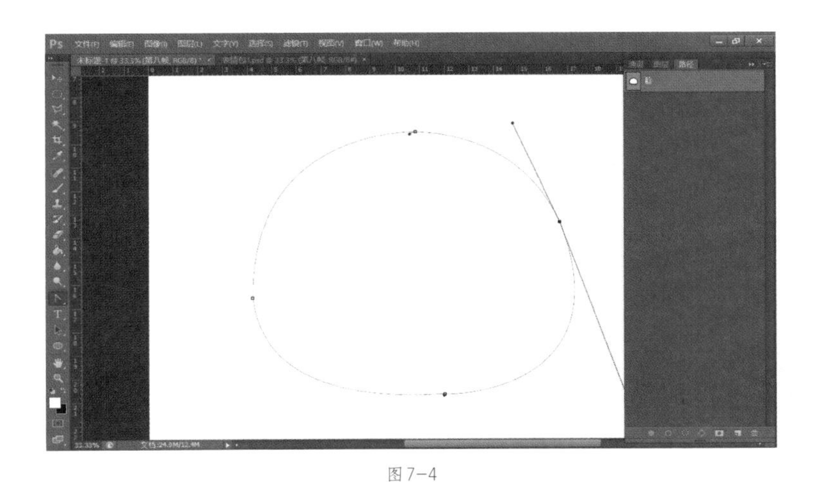

图7-4

04 在“脸”路径上单击鼠标右键，选择【描边路径】。在打开的【描边路径】面板中，单击【工具】右侧的下拉按钮，选择“铅笔”，单击【确定】，如图7-5所示。

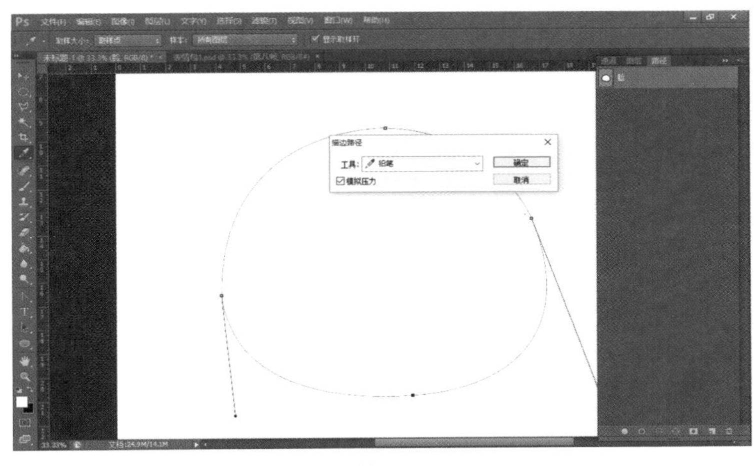

图7-5

05 在“脸”路径上单击鼠标右键，选择【填充路径】，如图7-6所示。

06 在【填充路径】面板中，将【不透明度】设置为100%，如图7-7所示。

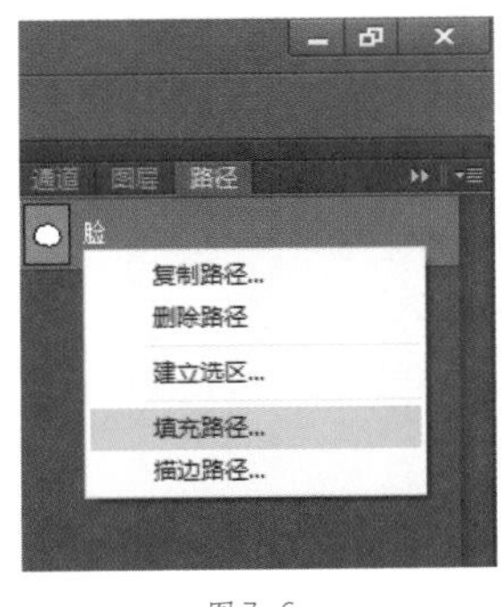

图7-6

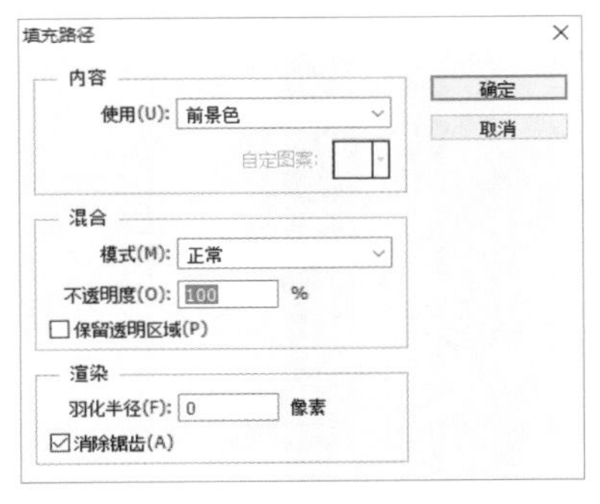

图7-7

07 单击【使用】右侧的下拉按钮，选择【颜色...】，在打开的【拾色器】面板中，选择填充的颜色编号为“a6592e”，单击【确定】，如图7-8所示。小熊的脸绘制完成的效果如图7-9所示。

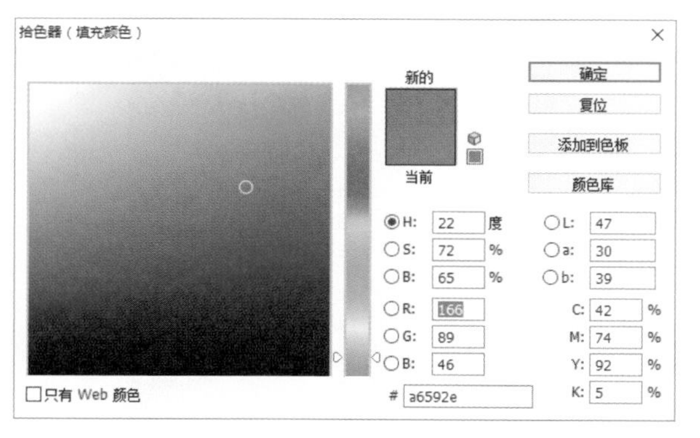

图7-8

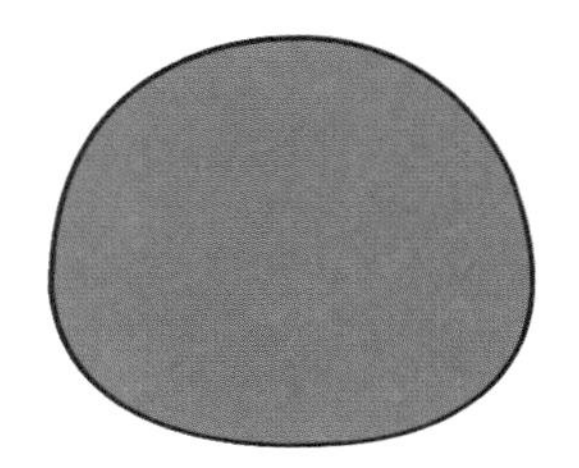

图7-9

08 新建一个图层，然后使用【椭圆选框工具】绘制一只耳朵，如图7-10所示。

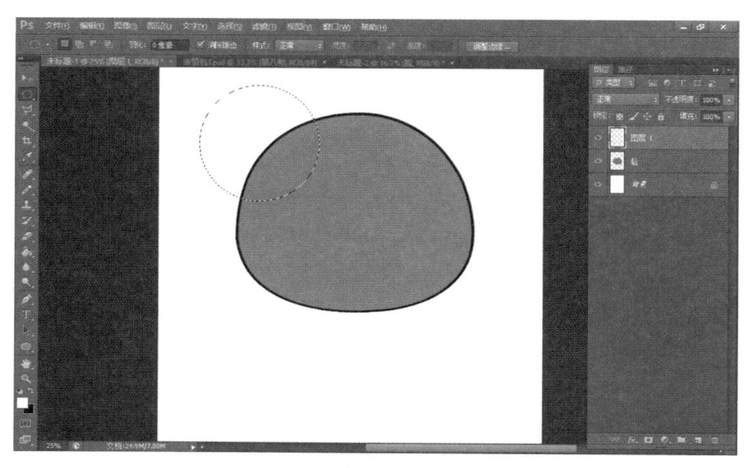

图7-10

09 使用【油漆桶工具】进行填充，填充的颜色编号为“a6592e”，如图7-11所示。

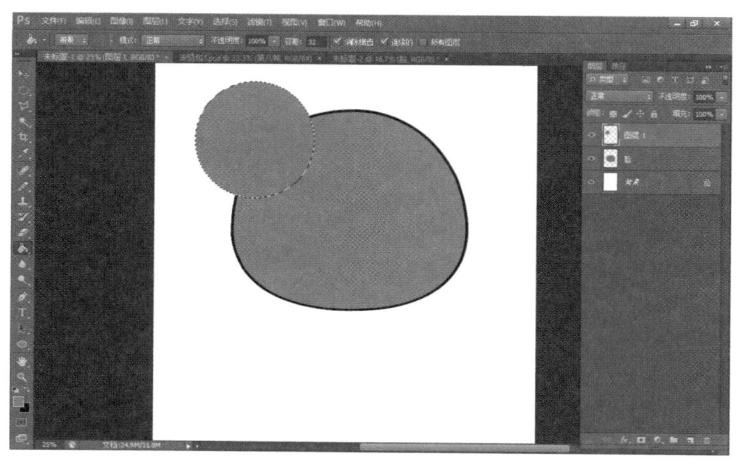

图7-11

10 在“图层1”上单击鼠标右键，选择【混合选项】，如图7-12所示。

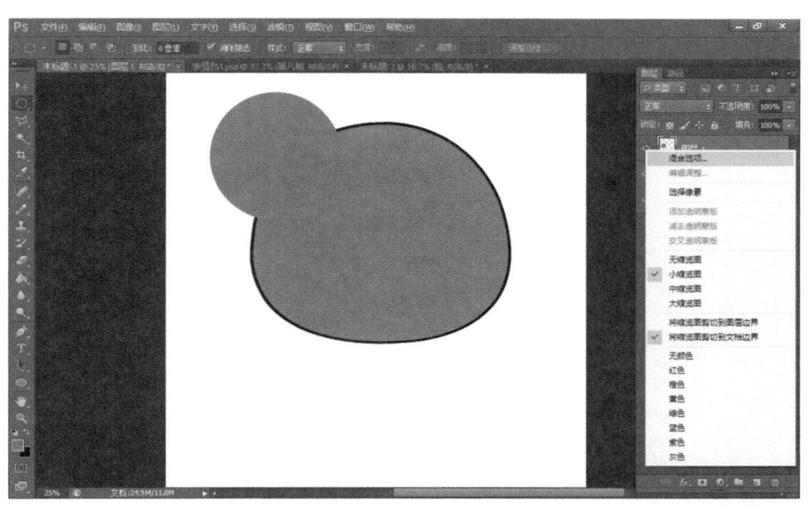

图7-12

11 勾选【样式】中的【描边】，单击【确定】，如图7-13所示。将此图层移至“脸”图层之下。

12 新建一个图层并将其命名为“耳朵内部”，使用【椭圆选框工具】，如图7-14所示，绘制小熊耳朵内部。

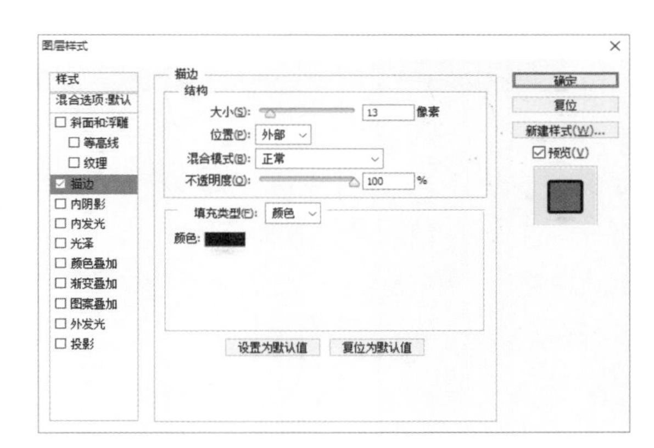

图7-13

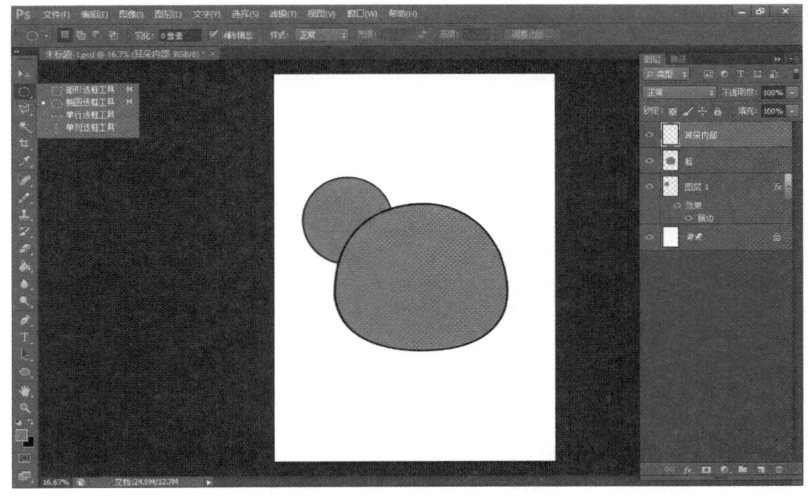

图7-14

13 如图7-15所示，使用【油漆桶】填充颜色，填充的颜色编号为“ca7546”。将图层移至“脸”图层和“图层1”之间。

14 选中“图层1”和“耳朵内部”图层，在选中的图层上单击鼠标右键，选择【复制图层】，如图7-16所示。

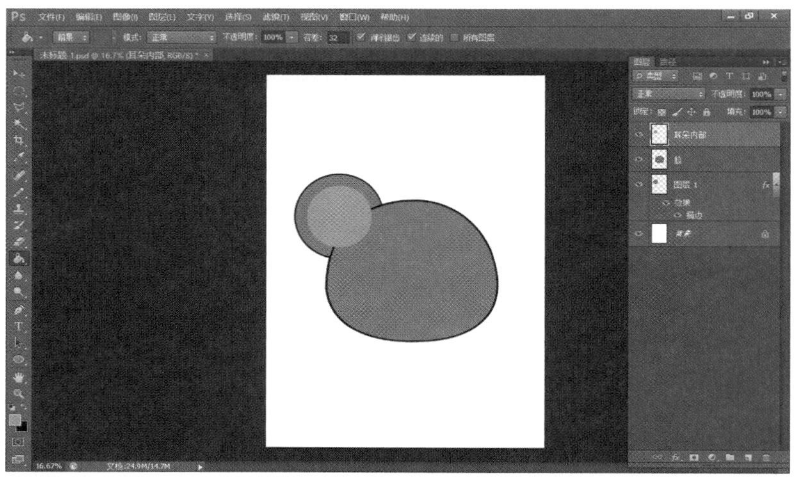

图7-15

混合选项...
编辑调整...
复制图层...
删除图层
转换为智能对象
栅格化图层
栅格化图层样式
启用图层蒙版
启用矢量蒙版
创建剪贴蒙版
链接图层
选择链接图层
拷贝图层样式
粘贴图层样式
清除图层样式
复制形状属性
粘贴形状属性
合并图层
合并可见图层
拼合图像
无颜色
红色
橙色
黄色
绿色
蓝色
紫色
灰色

图7-16

15 按【Ctrl】+【V】键粘贴图层，选中“耳朵内部 副本”和“图层1副本”图层，使用【移动工具】将图形移动到合适的位置，按【Ctrl】+【T】键，在画面上单击鼠标右键，选择【水平翻转】，按【Enter】键确认变换。小熊耳朵绘制完成的效果如图7-17所示。

图7-17

16 新建一个图层并将其命名为“脸部阴影”，如图7-18所示。

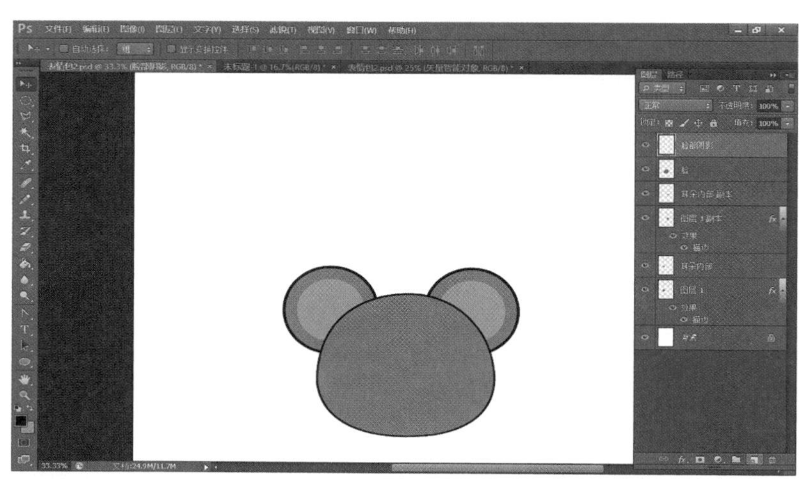

图7-18

17 使用【钢笔工具】绘制出脸部阴影的大致形状后，使用【转换点工具】进行调整，如图7-19所示。

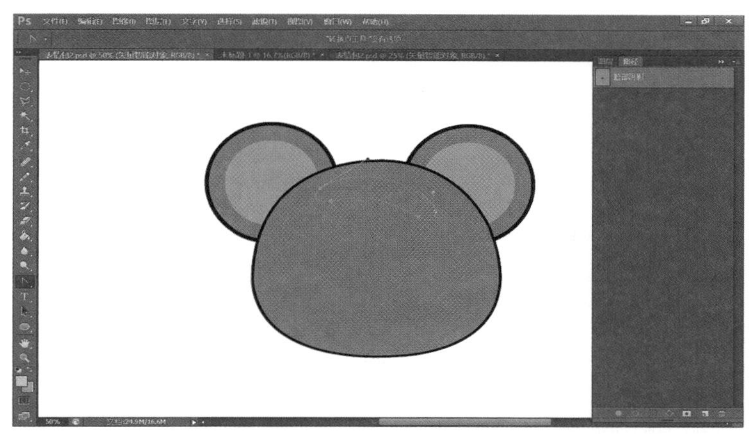

图7-19

18 在“脸部阴影”路径上单击鼠标右键，选择【填充路径】，如图7-20所示。

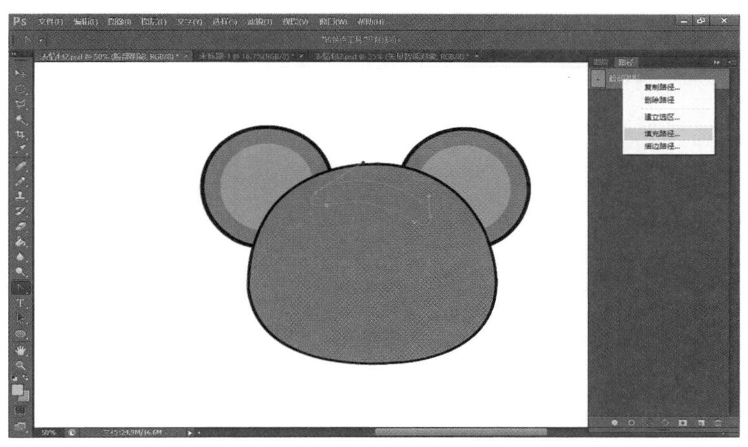

图7-20

19 单击【使用】右侧的下拉按钮，选择【颜色...】，在打开的【拾色器】面板中，选择填充的颜色编号为“e4a05c”，单击【确定】，如图7-21所示。

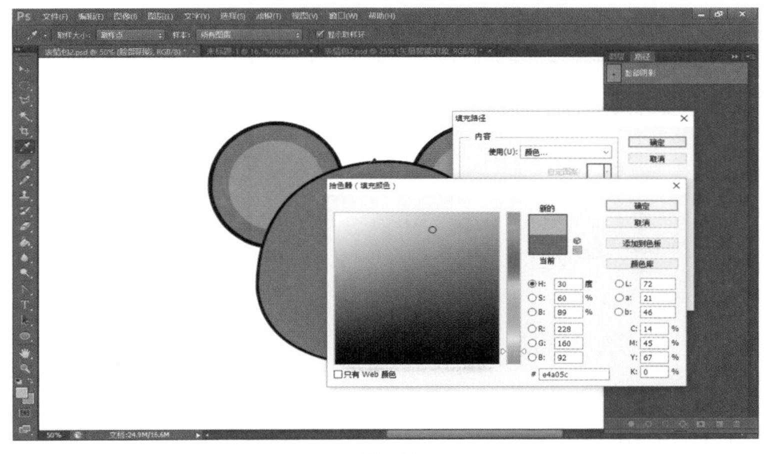

图7-21

图 7-22

20 新建一个图层并将其命名为“眼睛”，使用【钢笔工具】绘制小熊的眼睛，通过【填充路径】为其填充颜色，填充的颜色编号为“010101”。小熊的眼睛绘制完成的效果如图7-22所示。

21 新建一个图层并将其命名为“嘴巴外部”，如图7-23所示。

22 使用【钢笔工具】绘制出嘴巴外部的大致形状后，通过【填充路径】为其填充颜色，填充的颜色编号为“e8a766”。小熊的嘴巴外部绘制完成的效果如图7-24所示。

23 新建一个图层并将其命名为“嘴巴”，使用【画笔工具】绘制小熊的嘴巴，选择的颜色编号为“010101”。小熊的嘴巴绘制完成的效果如图7-25所示。

图 7-23

图 7-24

图 7-25

24 新建一个图层并将其命名为“鼻子”，如图7-26所示。

25 使用【椭圆选框工具】，如图7-27所示，绘制小熊的鼻子。

26 使用【油漆桶工具】为其填充颜色，填充的颜色编号为“010101”。小熊的鼻子绘制完成的效果如图7-28所示。保存文件，小熊的基本轮廓绘制结束。

图 7-26

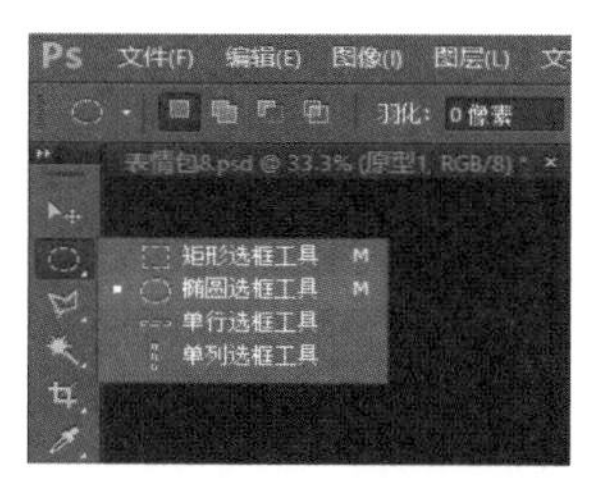

图 7-27

图 7-28

7.1.2 绘制“别走”表情

01 打开PS，如图7-29所示，选择【文件】→【新建】。如图7-30所示，单击【预设】右侧的下拉按钮，选择【国际标准纸张】，即纸张【大小】为A4，然后将【分辨率】设置为72像素/英寸，单击【确定】。

02 按7.1.1小节中02~15步的方法绘制出小熊的脸和耳朵，绘制完成的效果如图7-31所示。

03 新建一个图层并将其命名为“眼睛”，如图7-32所示。

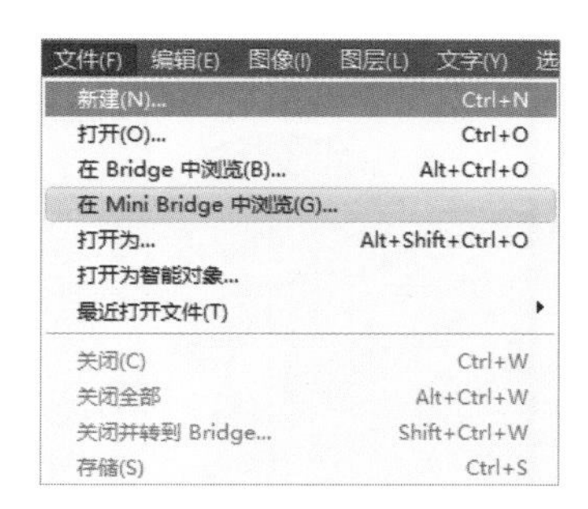

图 7-29

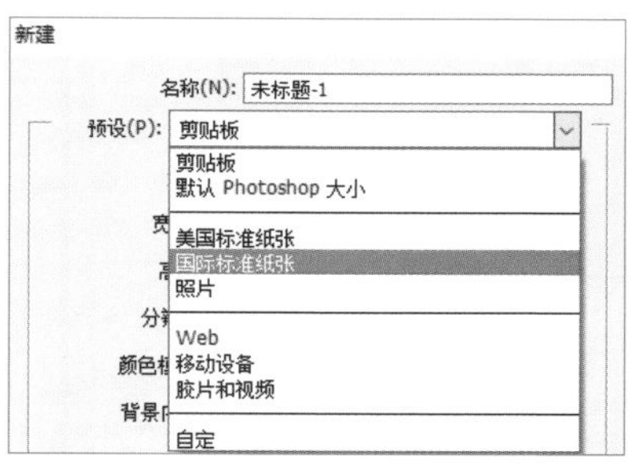

图 7-30

图 7-31

图 7-32

04 使用【钢笔工具】绘制出小熊的眼睛，在“眼睛”路径上单击鼠标右键，选择【描边路径】，如图7-33所示。

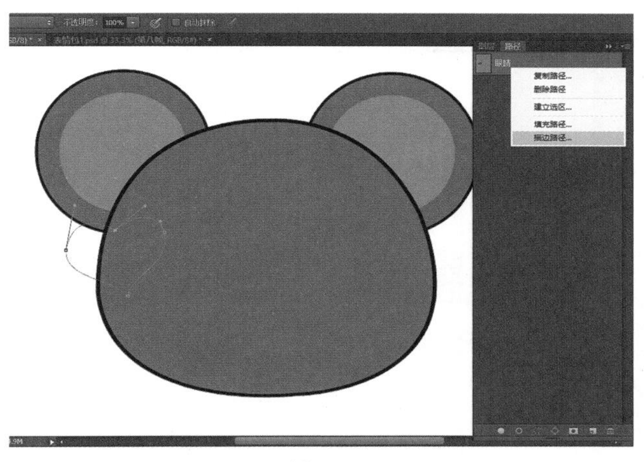

图 7-33

05 在打开的【描边路径】面板中，单击【工具】右侧的下拉按钮，选择“铅笔”，单击【确定】，如图7-34所示。小熊的眼睛描边后的效果如图7-35所示。

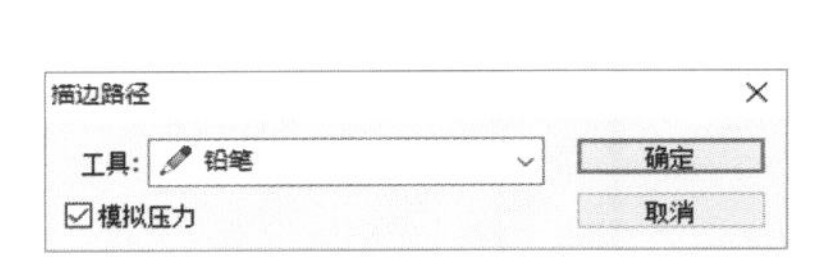

图 7-34

图 7-35

06 在【填充路径】面板中为眼睛填充颜色，填充的颜色编号为“cd040d”。在“眼睛”图层上单击鼠标右键，选择【复制图层】，如图7-36所示。

07 选中“眼睛 副本”图层，使用【移动工具】移动图层上的图形到合适的位置，按【Ctrl】+【T】键，并在画面上单击鼠标右键，选择【水平翻转】，如图7-37所示。小熊的另外一只眼睛绘制完成的效果如图7-38所示。

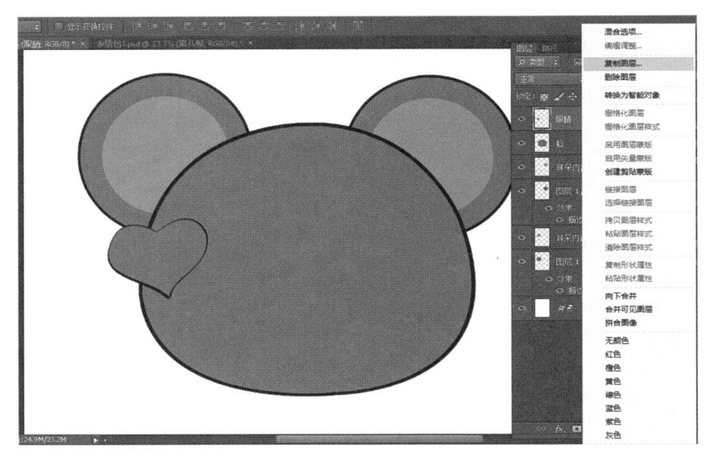

图7-36

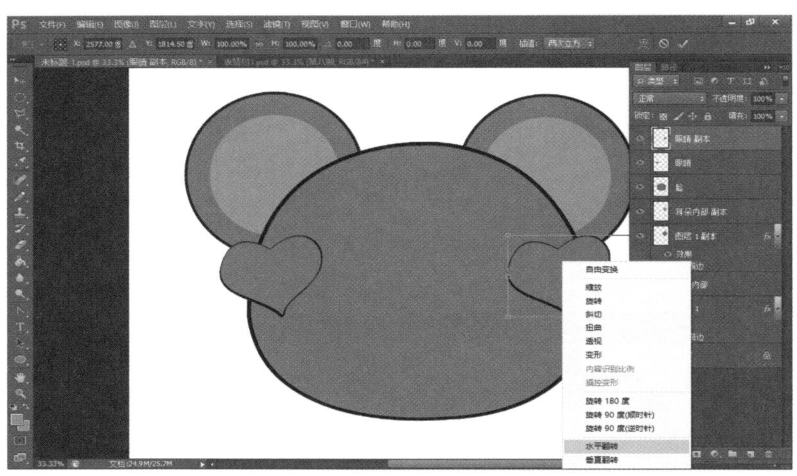

图7-37

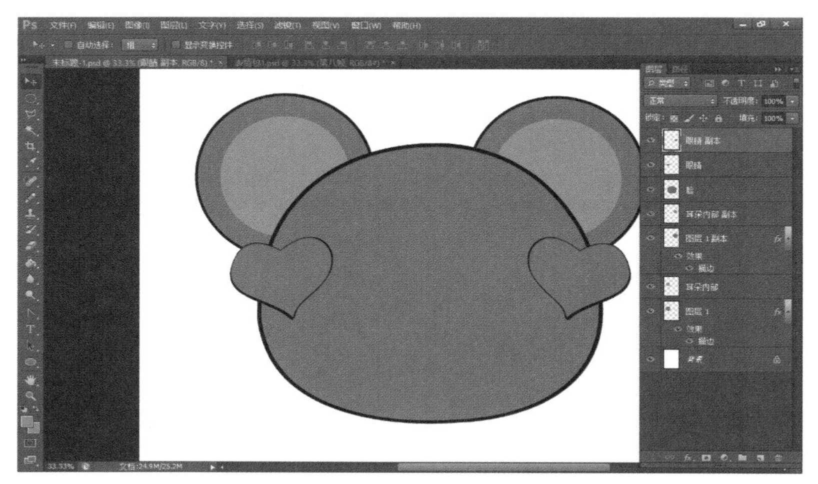

图7-38

08 新建一个图层并将其命名为“脸部阴影”，如图7-39所示。

图 7-39

09 使用【钢笔工具】画出脸部阴影的大致形状后，使用【转换点工具】进行调整，如图7-40所示。

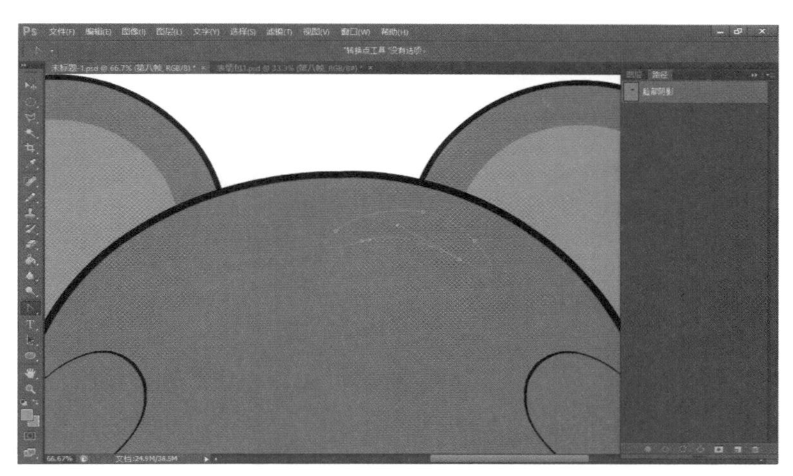

图 7-40

10 在“脸部阴影”路径上单击鼠标右键，选择【填充路径】，如图7-41所示。

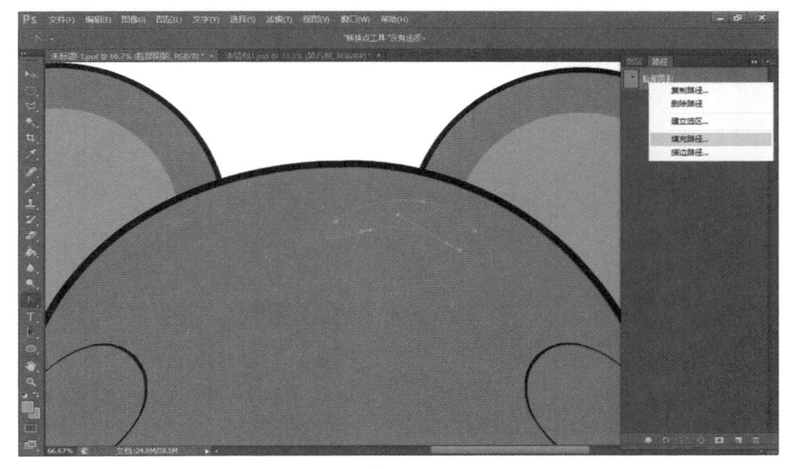

图 7-41

11 单击【使用】右侧的下拉按钮，选择【颜色...】，如图7-42所示。

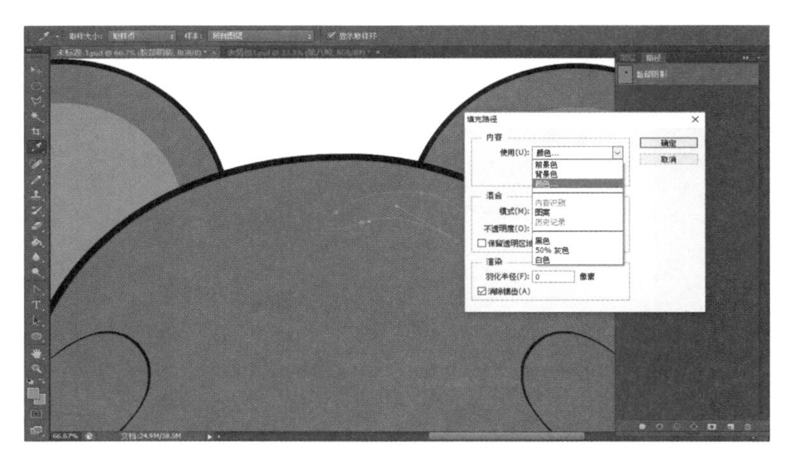

图7-42

12 给“脸部阴影”路径填充的颜色编号为“e4a05c”。小熊的脸部阴影绘制完成的效果如图7-43所示。

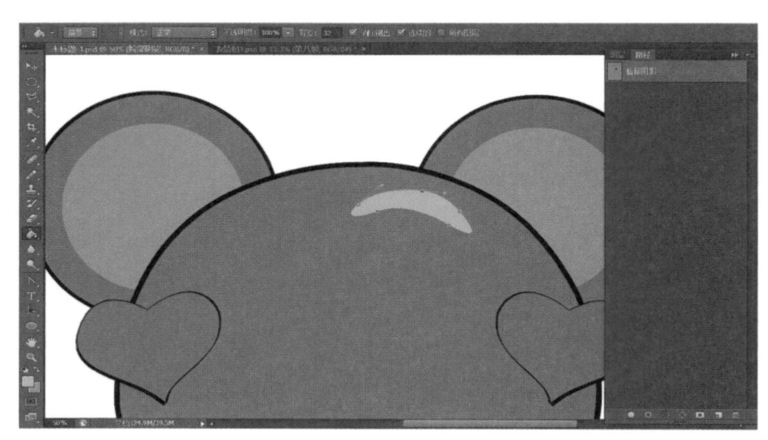

图7-43

13 新建一个图层并将其命名为“嘴巴外部”，如图7-44所示。

图7-44

14 使用【钢笔工具】画出嘴巴外部的大致形状后，使用【转换点工具】进行调整，如图7-45所示。

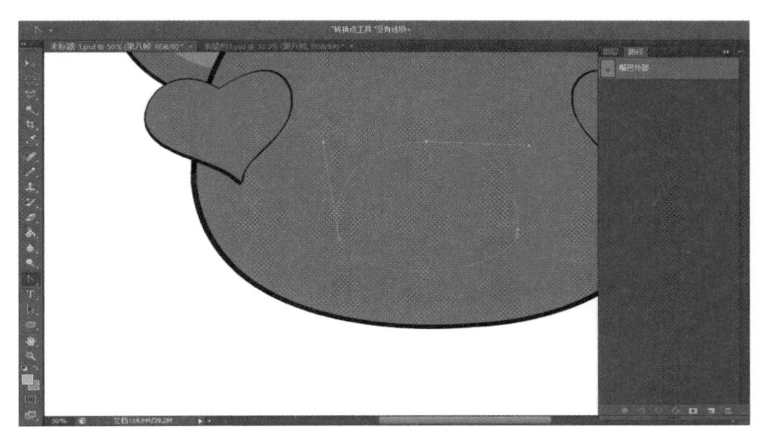

图7-45

15 在“嘴巴外部”路径上单击鼠标右键，选择【填充路径】，如图7-46所示。

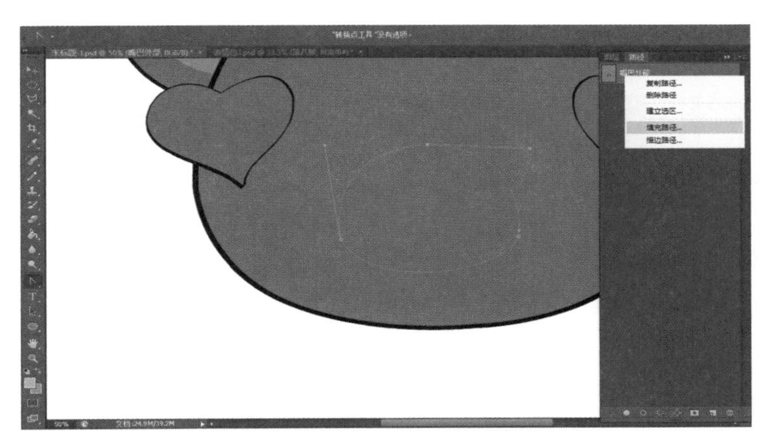

图7-46

16 单击【使用】右侧的下拉按钮，选择【颜色...】，在打开的【拾色器】面板中，选择填充的颜色编号为“dba755”，单击【确定】，如图7-47所示。

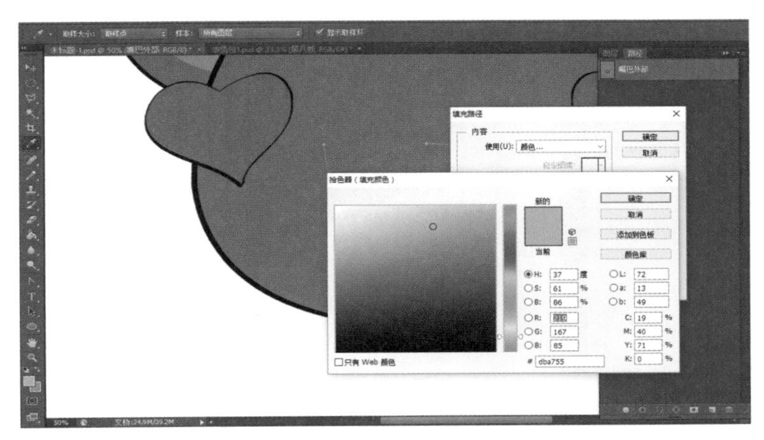

图7-47

17 新建一个图层并将其命名为“嘴巴内部”，如图7-48所示。

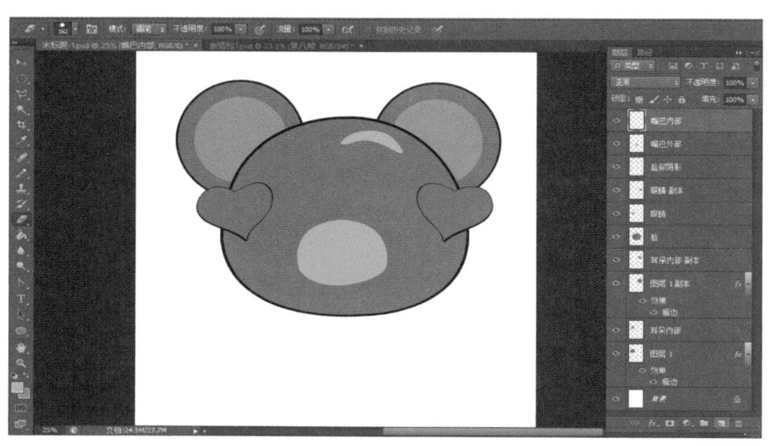

图 7-48

18 使用【钢笔工具】画出嘴巴内部的大致形状后，使用【转换点工具】进行调整，在“嘴巴内部”路径上单击鼠标右键，选择【填充路径】，如图7-49所示。

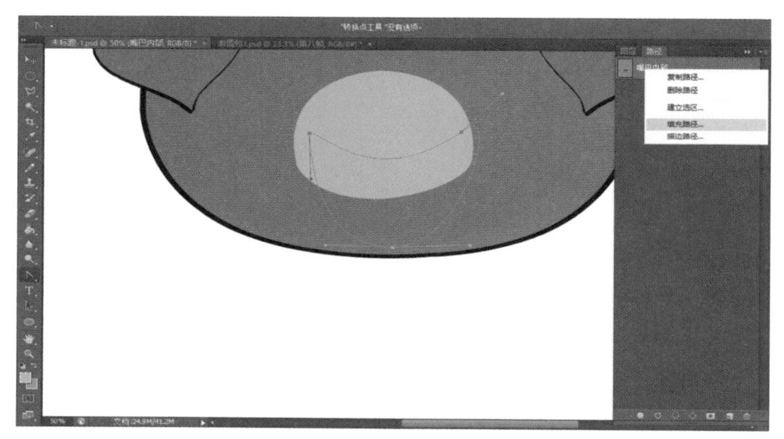

图 7-49

19 单击【使用】右侧的下拉按钮，选择【颜色...】，在打开的【拾色器】面板中，选择填充的颜色编号为“010101”，单击【确定】，如图7-50所示。小熊嘴巴内部绘制完成的效果如图7-51所示。

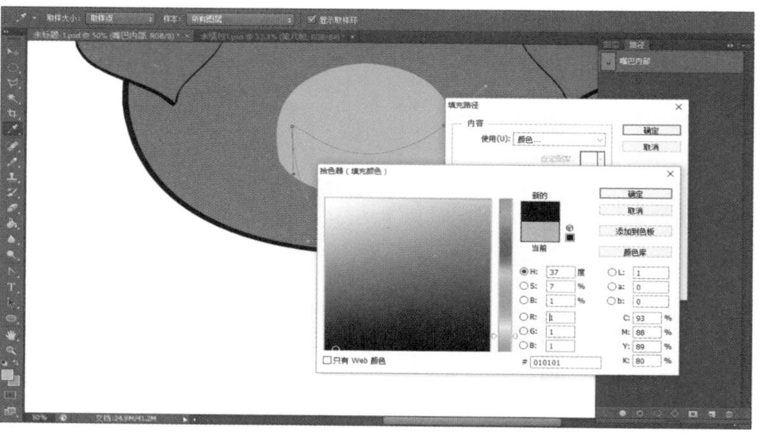

图 7-50

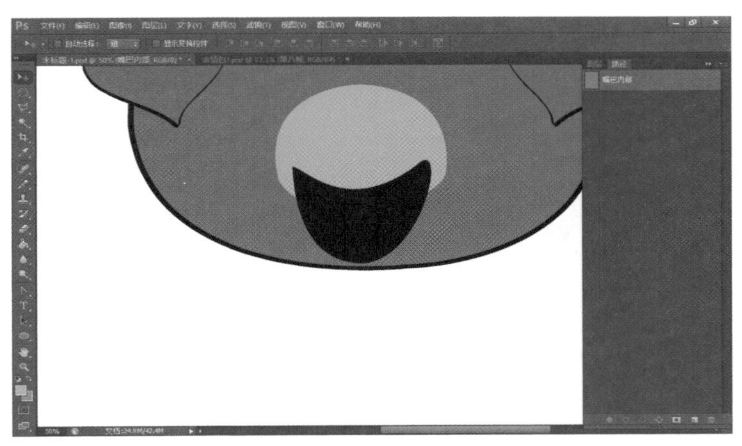

图 7-51

20 新建一个图层并将其命名为“舌头”。使用【钢笔工具】画出舌头的大致形状后，使用【转换点工具】进行调整，如图7-52所示。

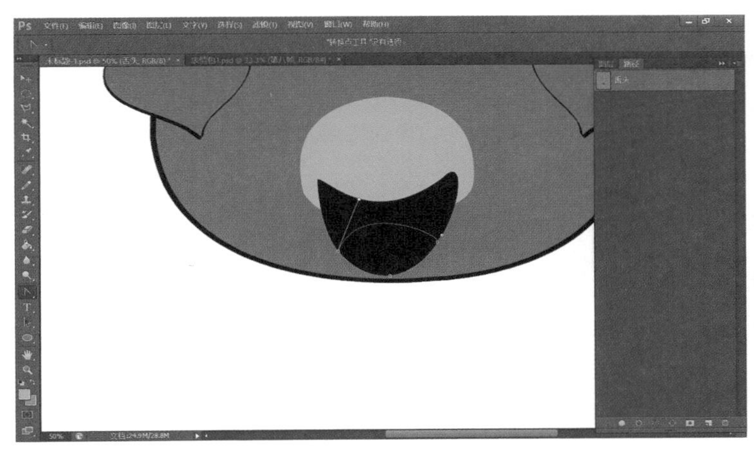

图 7-52

21 在“舌头”路径上单击鼠标右键，选择【填充路径】，如图7-53所示。

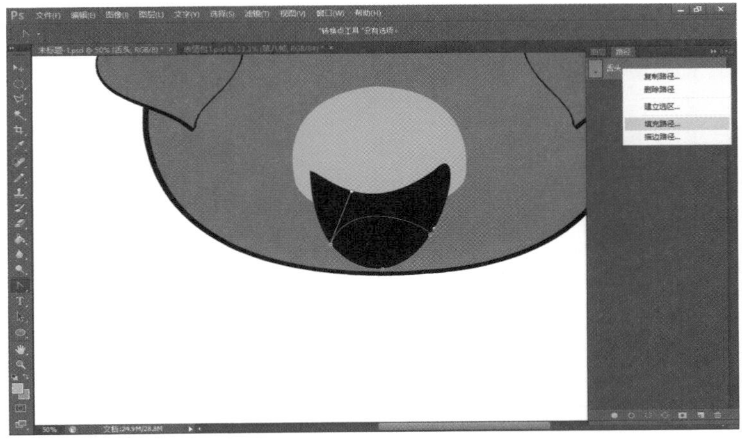

图 7-53

22 单击【使用】右侧的下拉按钮，选择【颜色...】，在打开的【拾色器】面板中，选择填充的颜色编号为“e97b59”，单击【确定】，如图7-54所示。小熊的舌头绘制完成的效果如图7-55所示。

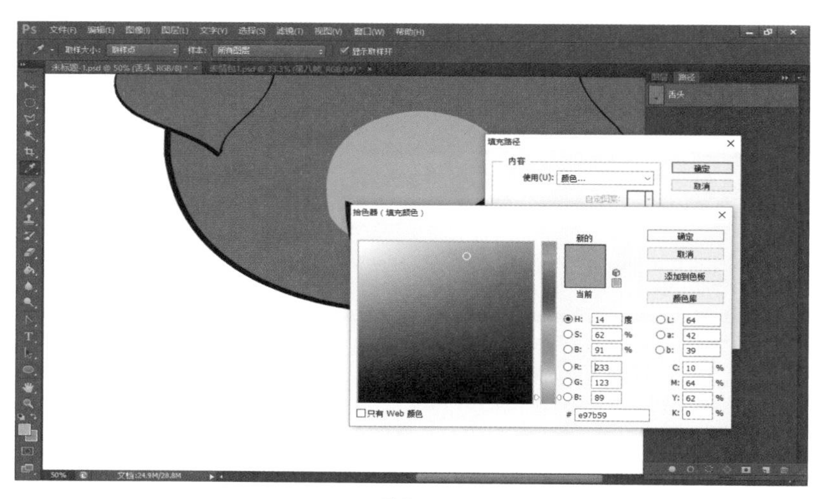

图 7-54

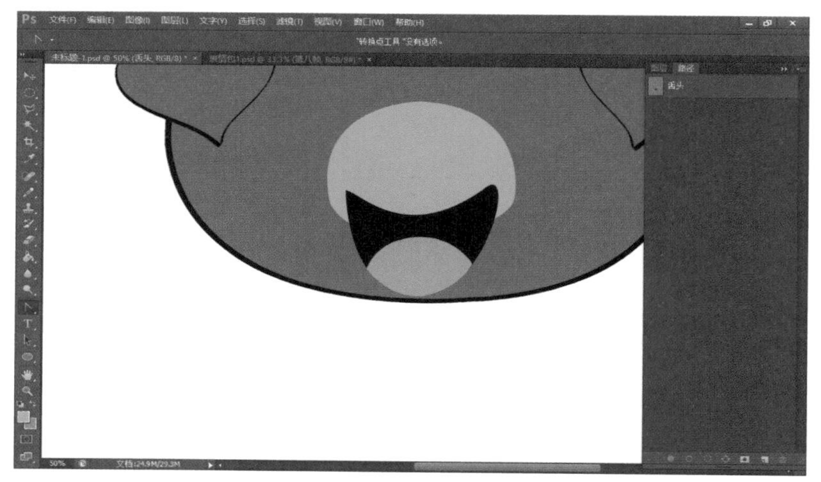

图 7-55

23 新建一个图层并将其命名为“鼻子”，如图7-56所示。

24 使用【椭圆选框工具】，如图7-57所示，绘制小熊的鼻子。

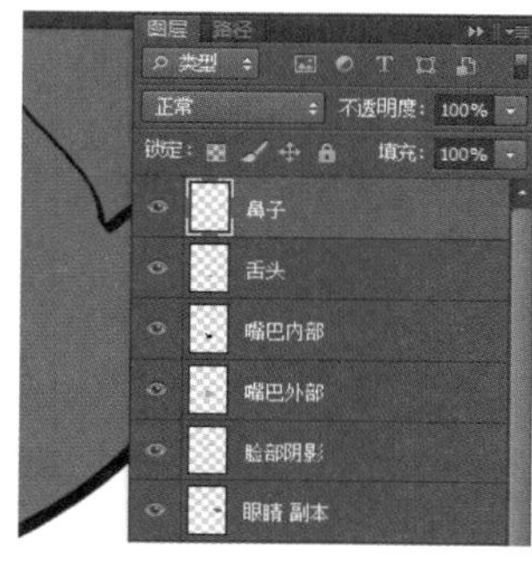

图 7-56

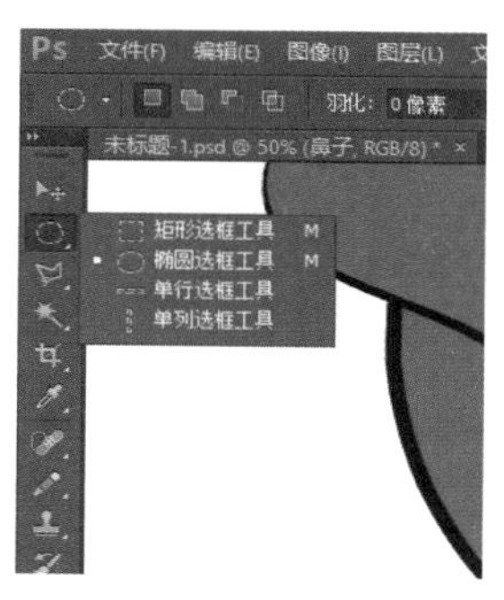

图 7-57

25 将【前景色】设置为“040404”，单击【确定】，如图7-58所示。

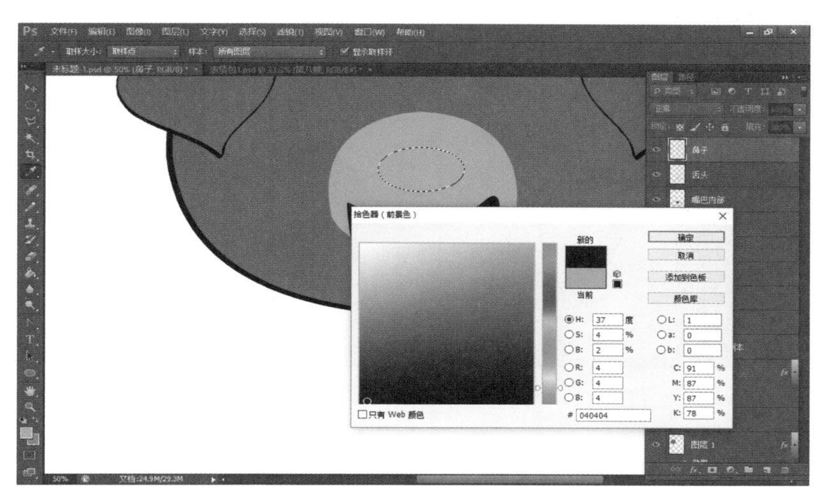

图7-58

26 使用【油漆桶工具】给鼻子填充上颜色，如图7-59所示。

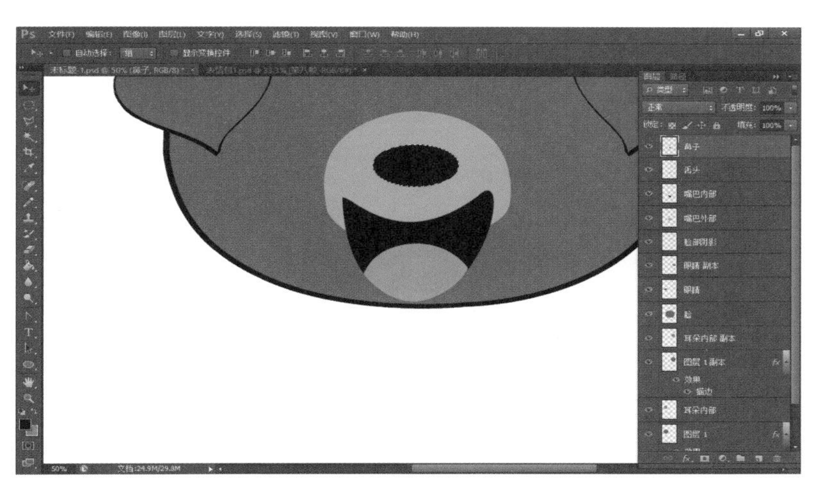

图7-59

27 新建一个图层并将其命名为“背景心”，如图7-60所示。

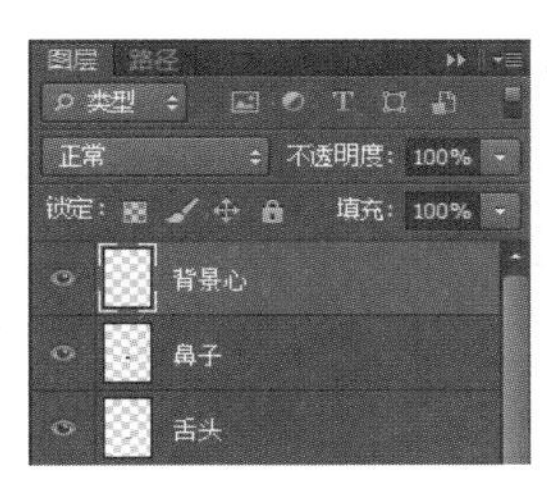

图7-60

28 使用【钢笔工具】绘制背景心，在“背景心”路径上单击鼠标右键，选择【填充路径】，如图7-61所示。

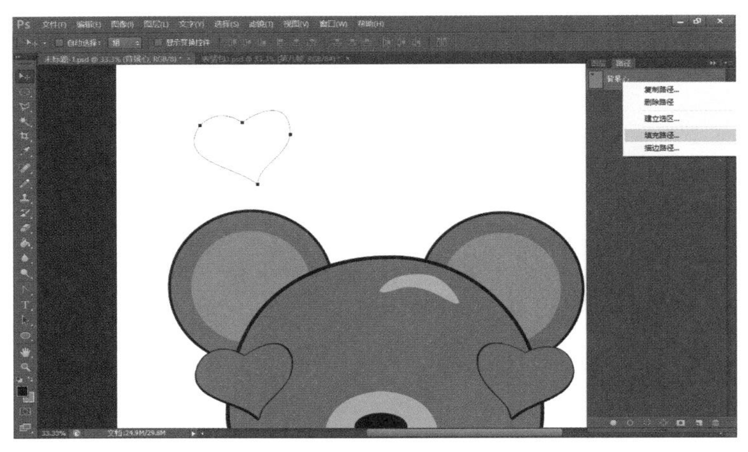

图 7–61

29 单击【使用】右侧的下拉按钮，选择【颜色...】，在打开的【拾色器】面板中，选择填充的颜色编号为“bb030c”，单击【确定】，如图7-62所示。

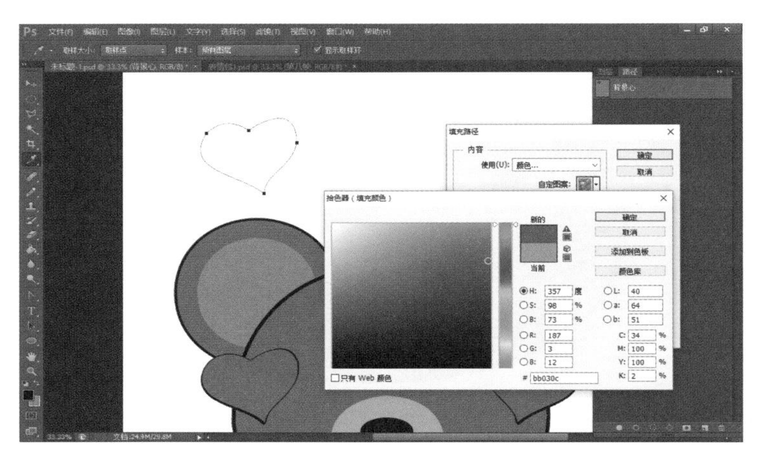

图 7–62

30 选择“背景心”图层，对其进行复制、粘贴，调整位置，右侧“背景心”进行水平翻转，并对透明度进行调整，如图7-63所示。

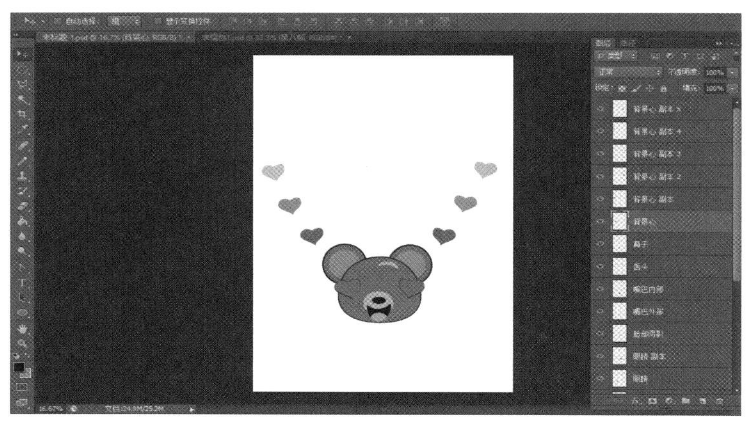

图 7–63

31 使用【横排文字工具】并分别输入“老”“妹”“儿！”“别”“走！”，形成5个文字图层，调整各个文字的位置，如图7-64所示。保存文件为PSD格式，“别走”表情绘制结束。

图7-64

7.1.3 绘制“要抱抱”表情

01 打开PS，如图7-65所示，选择【文件】→【新建】。如图7-66所示，单击【预设】右侧的下拉按钮，选择【国际标准纸张】，即纸张【大小】为A4，然后将【分辨率】设置为72，单击【确定】。

图7-65

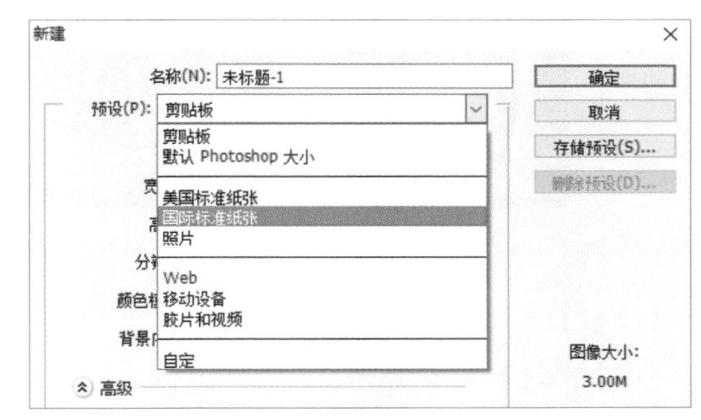

图7-66

02 按7.1.1小节中02~19步的方法绘制出小熊的脸、耳朵和脸部阴影，绘制完成的效果如图7-67所示。

图7-67

03 新建一个图层并将其命名为“眉毛”，使用【钢笔工具】绘制出眉毛的大致形状后，使用【转换点工具】进行调整，如图7-68所示。

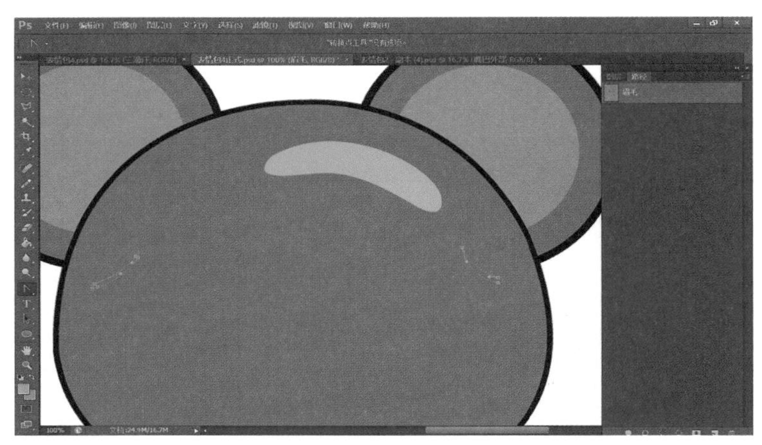

图 7-68

04 在“眉毛”路径上单击鼠标右键，选择【填充路径】，如图7-69所示。

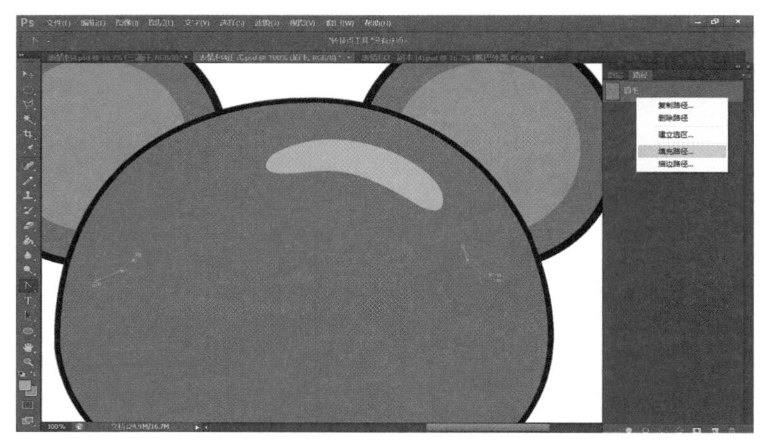

图 7-69

05 单击【使用】右侧的下拉按钮，选择【颜色...】，在打开的【拾色器】面板中，选择填充的颜色编号为“080808”，单击【确定】，如图7-70所示。

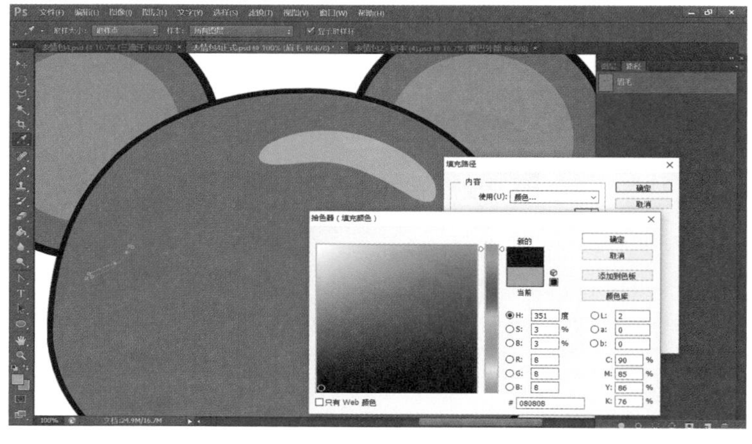

图 7-70

06 新建一个图层并将其命名为“眼睛”，如图7-71所示。

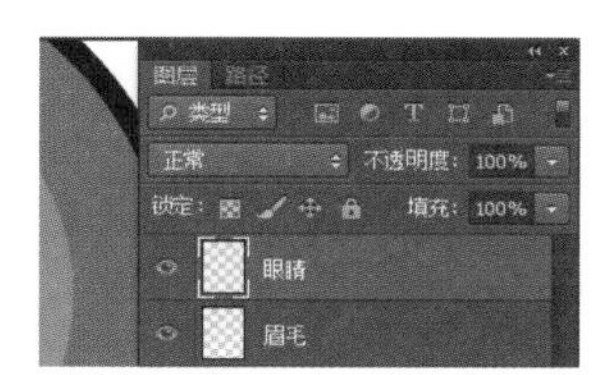

图7-71

07 使用【钢笔工具】绘制出眼睛的大致形状后，使用【转换点工具】进行调整。在“眼睛”路径上单击鼠标右键，选择【描边路径】。在打开的【描边路径】面板中，单击【工具】右侧的下拉按钮，选择【铅笔】，单击【确定】，如图7-72所示。

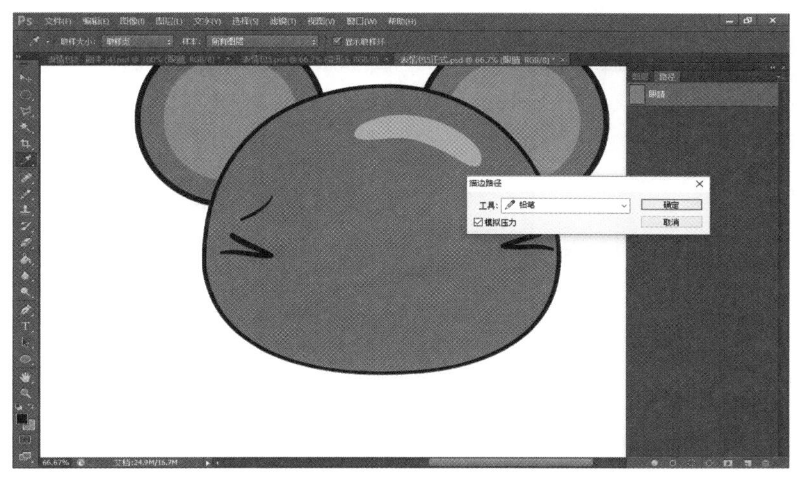

图7-72

08 新建一个图层并将其命名为“嘴巴外部”，使用【钢笔工具】绘制出小熊的嘴巴外部，在“嘴巴外部”路径上单击鼠标右键，选择【描边路径】。在打开的【描边路径】面板中，单击【工具】右侧的下拉按钮，选择【铅笔】，单击【确定】，如图7-73所示。

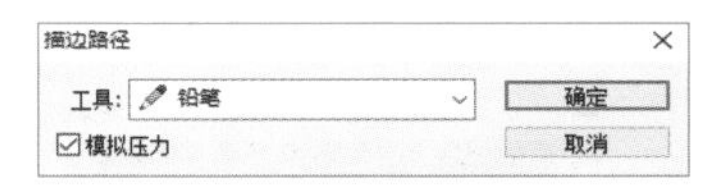

图7-73

09 再在“嘴巴外部”路径上单击鼠标右键，选择【填充路径】，如图7-74所示。

图7-74

10 单击【使用】右侧的下拉按钮，选择【颜色...】，在打开的【拾色器】面板中，选择填充的颜色编号为“e1a84f”，单击【确定】，如图7-75所示。

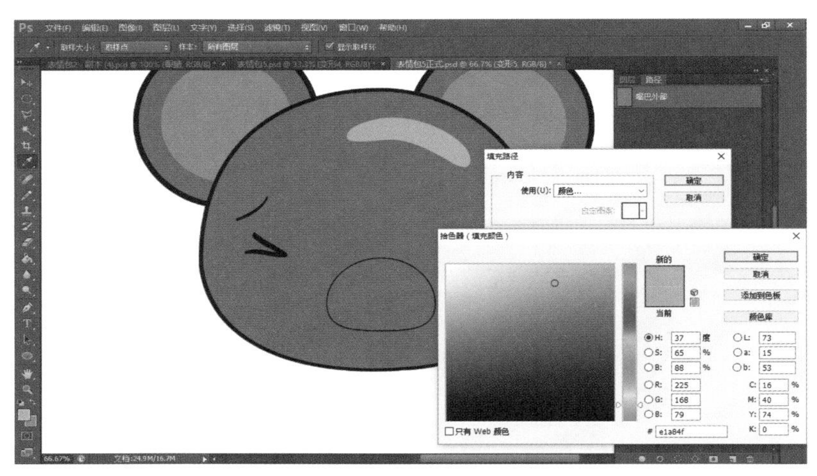

图 7-75

11 新建一个图层并将其命名为“嘴巴”，如图7-76所示。

12 使用【铅笔工具】，如图7-77所示。

13 绘制小熊的嘴巴，绘制完成的效果如图7-78所示。

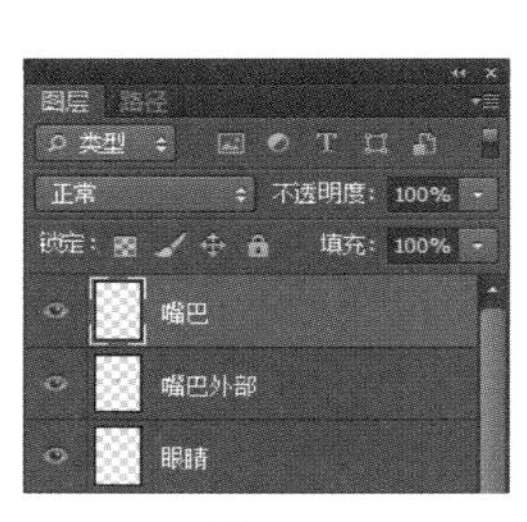

图 7-76

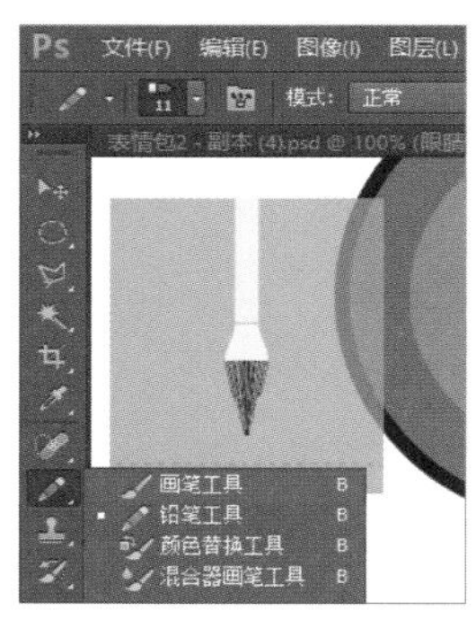

图 7-77

图 7-78

14 新建一个图层并将其命名为“鼻子”，如图7-79所示。

15 使用【椭圆选框工具】，如图7-80所示，绘制小熊的鼻子。

16 使用【油漆桶工具】进行填充，填充的颜色编号为“010101”。小熊的鼻子绘制完成的效果如图7-81所示。

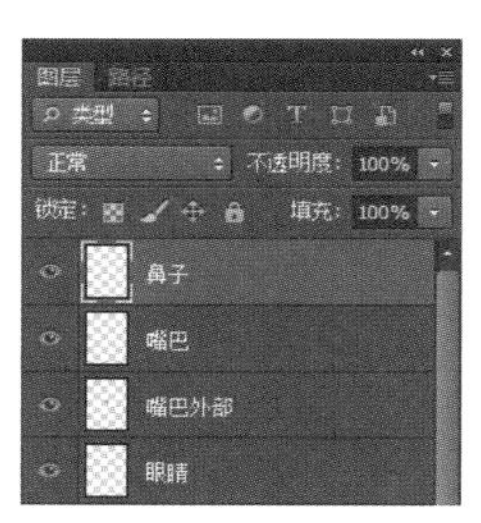

图 7-79

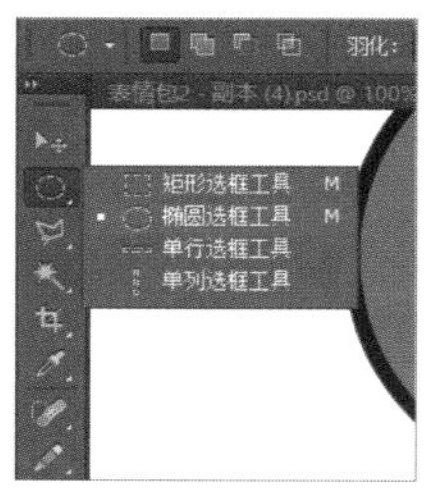

图 7-80

图 7-81

17 新建一个图层并将其命名为“皱纹”，如图7-82所示。

18 使用【画笔工具】绘制小熊的皱纹，绘制完成的效果如图7-83所示。

19 使用【横排文字工具】分别输入“老”“妹”“儿!”“要”“抱”“抱！”，形成6个文字图层，调整各个文字的位置，效果如图7-84所示。保存文件为PSD格式，“要抱抱”表情绘制结束。

图7-82　　图7-83　　图7-84

7.2 制作“小熊”动态表情包

在7.2节中，主要使用在PS的时间轴中依次关闭可视图层这一方法来制作表情动画。在制作动画的过程中，应经常使用预览功能观看动画效果，直至得到满意的动画效果。

7.2.1 制作“别走”动态表情

01 打开PS，在该软件中将7.1.2小节中制作好的“别走”表情的PSD文件打开，选择【窗口】→【时间轴】，如图7-85所示。

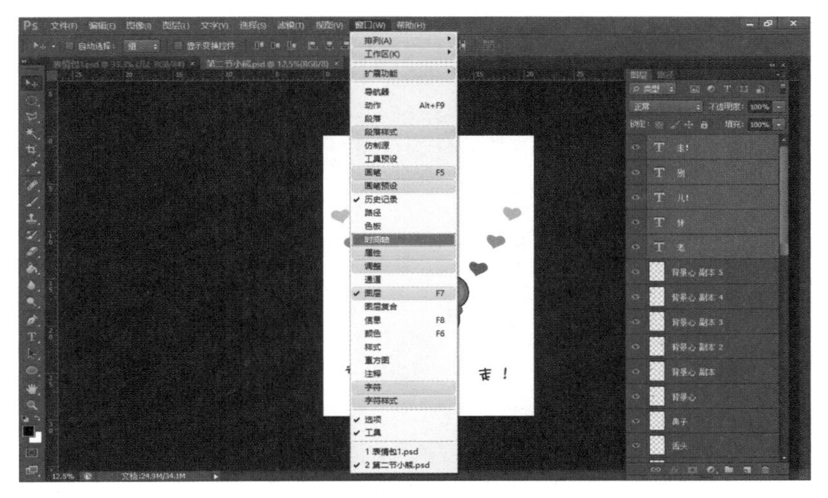

图7-85

02 创建第1帧，将所有文字图层、“背景心”图层及其所有副本隐藏，如图7-86所示。

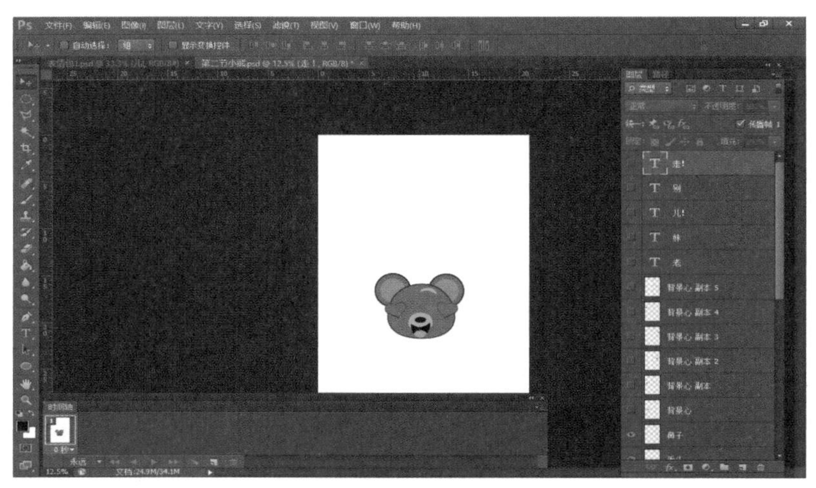

图 7-86

03 复制第1帧得到第2帧，显示“老”图层、“背景心”图层和“背景心 副本”图层，效果如图7-87所示。

图 7-87

04 复制第2帧得到第3帧，显示“妹”图层、“背景心 副本2”图层和“背景心 副本5”图层，如图7-88所示。

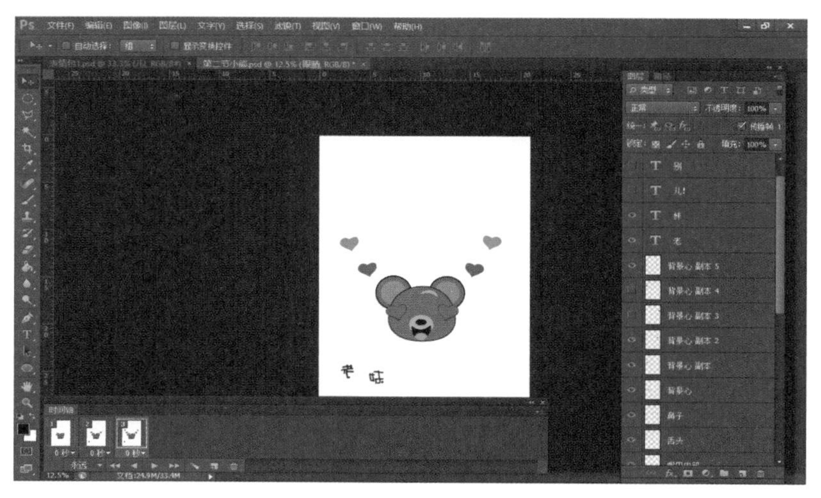

图 7-88

05 复制第3帧得到第4帧，显示“儿！”图层、“背景心 副本3”和“背景心 副本4”图层，效果如图7-89所示。

06 复制第4帧得到第5帧，显示“别”图层，隐藏“背景心 副本2”图层和“背景心 副本3”图层、“背景心 副本4”图层和“背景心 副本5”图层，效果如图7-90所示。

07 复制第5帧得到第6帧，显示“走！”图层，显示“背景心 副本2”图层和“背景心 副本5”图层，效果如图7-91所示。

图7-89　　图7-90　　图7-91

08 复制第6帧得到第7帧，显示“背景心 副本3”图层和“背景心 副本4”图层，效果如图7-92所示。

09 选中所有帧，将持续时间调整为0.2秒，如图7-93所示。将【循环选项】设置为【永远】，将文件存储为GIF格式的图片，“别走”动态表情制作完成。

图7-92 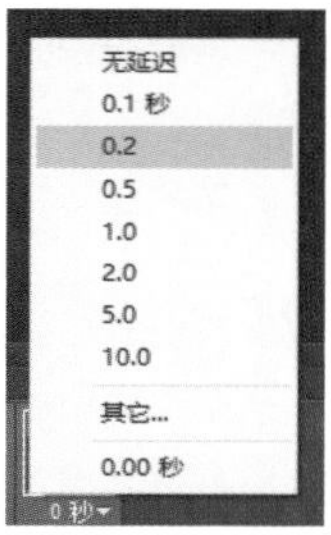　　图7-93

7.2.2 制作“要抱抱”动态表情

01 打开PS，在该软件中将7.1.3小节中制作好的“要抱抱”表情的PSD文件打开，选择【窗口】→【时间轴】，如图7-94所示。

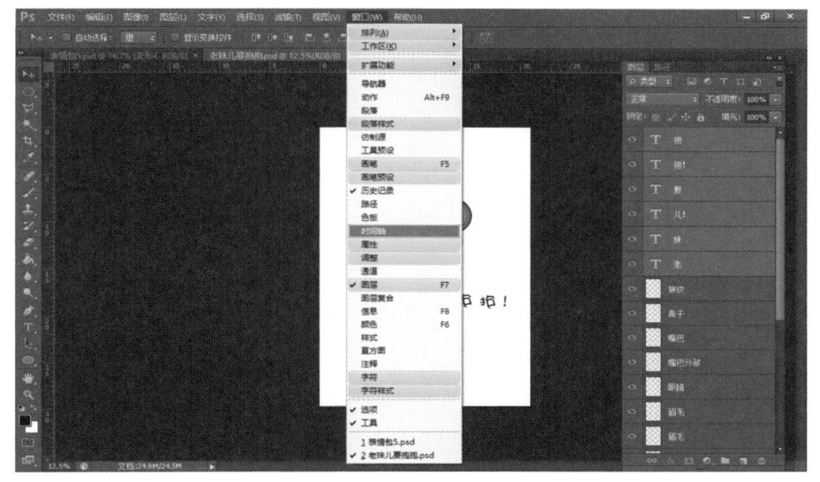

图7-94

02 创建第1帧，选中所有文字图层并将其隐藏，如图7-95所示。复制“眼睛”和“嘴巴”图层，并稍微调整复制出的眼睛和嘴巴的角度，隐藏复制的“眼睛”和“嘴巴”图层。

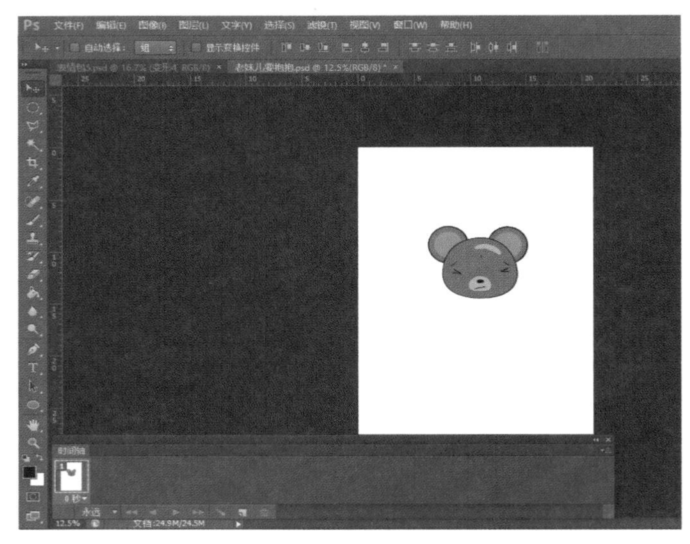

图7-95

03 复制第1帧得到第2帧，显示“老”图层以及复制的“眼睛”和“嘴巴”图层，隐藏原“眼睛”和“嘴巴”图层，效果如图7-96所示。

04 复制第2帧得到第3帧，显示“妹”图层以及原“眼睛”和“嘴巴”图层，隐藏复制的“眼睛”和“嘴巴”图层，效果如图7-97所示。

05 复制第3帧得到第4帧，显示“儿！”图层，并调整“老”“妹”“儿！”的位置，隐藏原“眼睛”和“嘴巴”图层，显示复制的“眼睛”和“嘴巴”图层，效果如图7-98所示。

图7-96　图7-97　图7-98

06 复制第4帧得到第5帧，显示“要”图层，并调整“老”“妹”“儿！”“要”的位置，隐藏复制的“眼睛”和“嘴巴”图层，显示原“眼睛”和“嘴巴”的图层，效果如图7-99所示。

07 复制第5帧得到第6帧，显示“抱”图层，并调整“老”“妹”“儿！”“要”“抱”的位置，隐藏原“眼睛”和“嘴巴”图层，显示复制的“眼睛”和“嘴巴”图层，效果如图7-100所示。

08 复制第6帧得到第7帧，显示“抱！”图层，并调整“老”“妹”“儿！”“要”“抱”“抱！”的位置，隐藏复制的“眼睛”图层，显示原“眼睛”图层，效果如图7-101所示。

图 7-99　　图 7-100　　图 7-101

09 将【循环选项】设置为【永远】，选中所有帧，将持续时间调整为0.2秒，如图7-102所示。将文件存储为GIF格式图片，“要抱抱”动态表情制作完成。

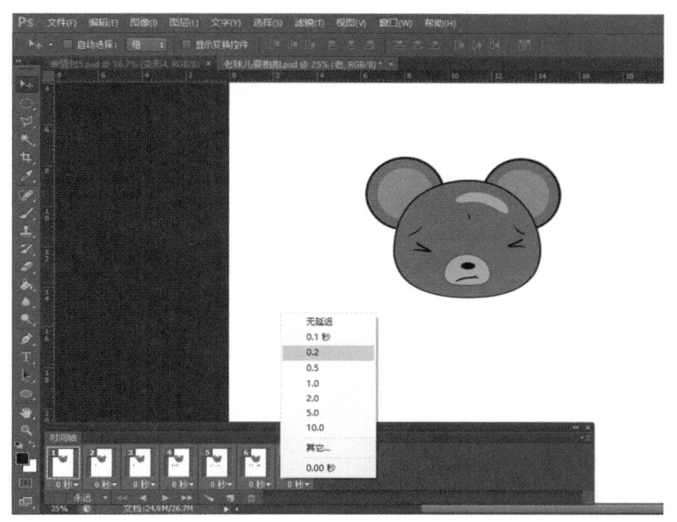

图 7-102

第8章 “小鸡”表情包制作案例

在本章中，我们将在8.1节学习如何在PS中制作一个造型可爱的小鸡的基本轮廓和“亲亲”“睡觉”表情文件，在8.2节学习如何在PS中将制作好的表情文件制作成动态表情包。

8.1 制作表情包静态原型

在8.1节中，我们首先使用PS制作小鸡的基本轮廓，然后依次制作“亲亲”“睡觉”表情文件。在制作小鸡基本轮廓时，主要使用PS的【钢笔工具】和图层功能，在绘制小鸡的过程中应注意表情形象的五官特征；在绘制小鸡的不同表情时，应注意不同表情传递的情感信息的准确性，要做到使人一目了然。

8.1.1 绘制“小鸡”基本轮廓

01 打开PS，选择【文件】→【新建】，将【预设】设置为国际标准纸张，【大小】设置为A4，【颜色模式】设置为RGB颜色，如图8-1所示。

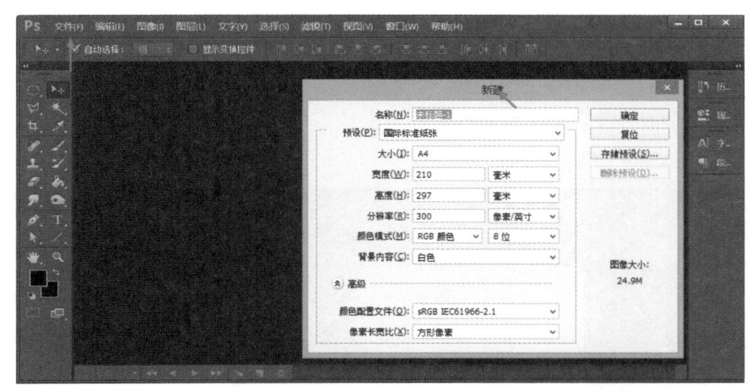

图8-1

02 新建一个图层，将其命名为“脸”，用【钢笔工具】画出小鸡脸的形状并填充路径，填充颜色的RGB值分别为244、214和57，如图8-2所示。

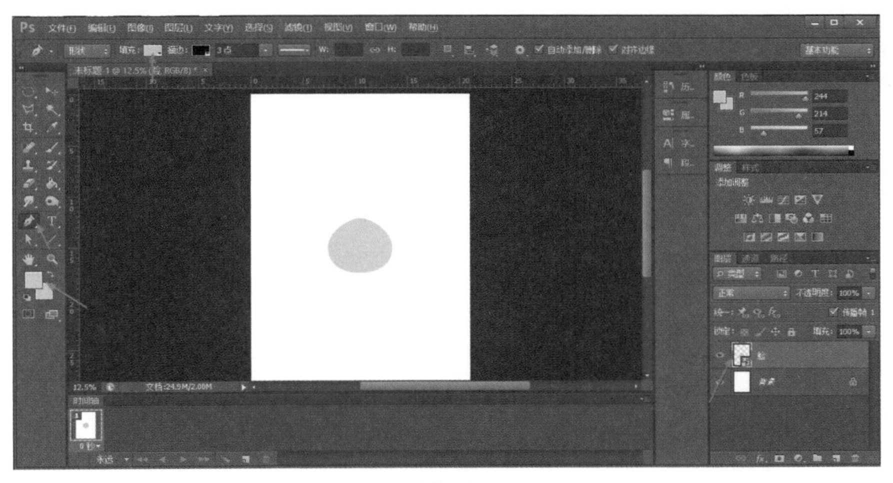

图8-2

03 新建一个图层，将其命名为“鸡冠”，用【钢笔工具】画出小鸡鸡冠的形状并填充路径，填充颜色的【R】、【G】、【B】值分别为233、118和37，如图8-3所示。

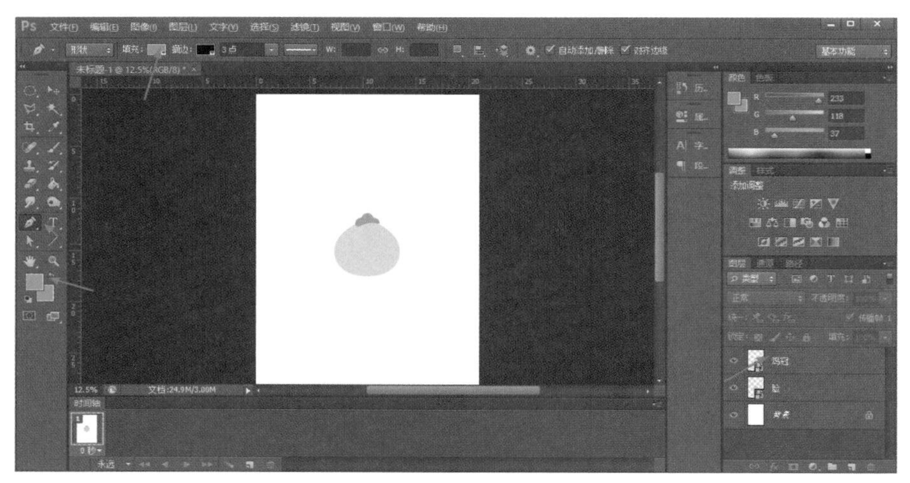

图 8-3

04 新建一个图层，将其命名为“嘴巴”，用【钢笔工具】画出小鸡嘴巴的形状并填充路径，填充颜色的【R】、【G】、【B】值分别为233、118和37，如图8-4所示。

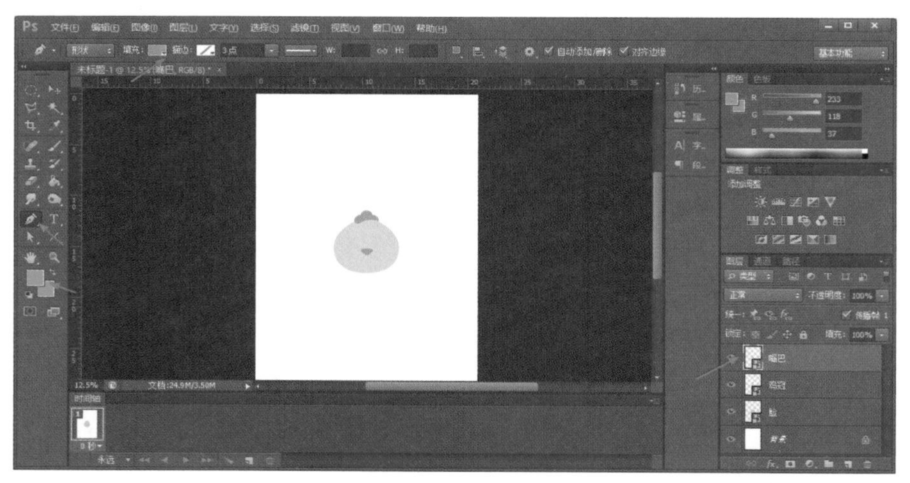

图 8-4

05 新建一个图层，将其命名为“额头”，用【钢笔工具】画出小鸡额头的形状并填充路径，填充颜色的【R】、【G】、【B】值分别为247、223和121，如图8-5所示。

06 接下来画小鸡的腮红。首先，新建一个图层，根据腮红图形在画面上的位置将该图层命名为“左1”，用【钢笔工具】画一个竖着的小椭圆形作为小鸡腮红的一部分并填充路径，填充颜色的【R】、【G】、【B】值分别为233、118和38，如图8-6所示。

07 按【Ctrl】+【C】键复制“左1”图层，按【Ctrl】+【V】键进行粘贴，重复5次，获得5个副本图层。用【移动工具】将副本图层上的图形移动到合适的位置，并按图形在画面上的位置分别把对应图层重命名为“左2”“左3”“右1”“右2”“右3”，如图8-7所示。这样小鸡的腮红就画完了。

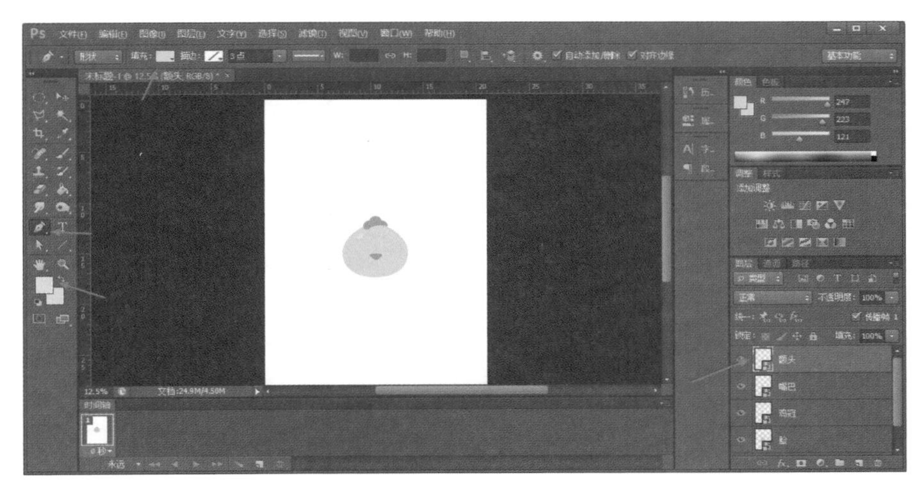

图 8-5

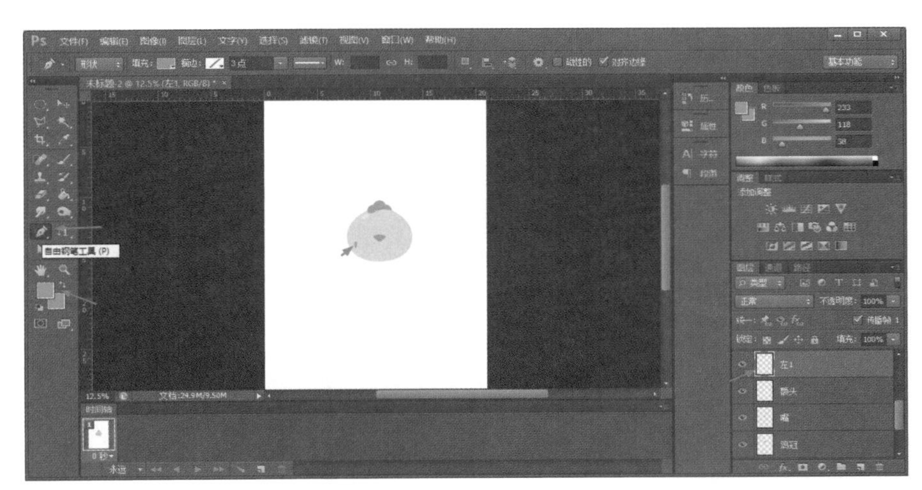

图 8-6

图 8-7

08 新建一个图层，将其命名为“眼镜”，用【钢笔工具】画出小鸡眼镜的形状并填充路径，填充颜色的【R】、【G】、【B】值分别为233、118和38，如图8-8所示。

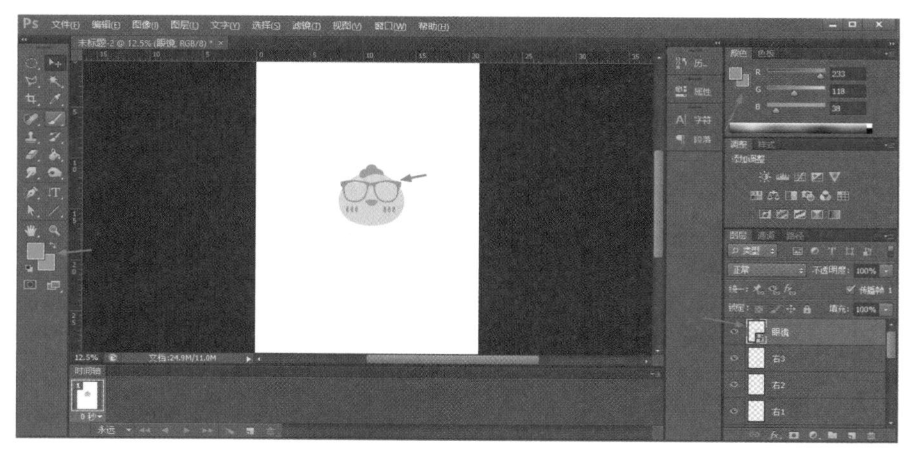

图 8-8

09 接下来画小鸡的眼睛。首先，新建一个图层，根据眼睛图形在画面上的位置将该图层命名为“左眼”（注：本章均根据小鸡身体各部位在画面上的左、右位置来为其命名），用【钢笔工具】勾出左侧镜框内部的形状作为左眼并填充路径，填充颜色的【R】、【G】、【B】值均为255，如图8-9所示。

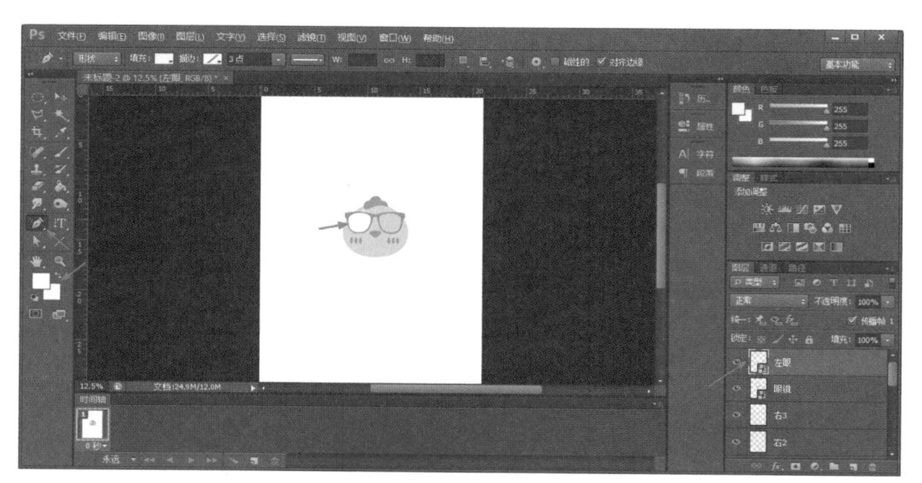

图 8-9

10 继续新建一个图层，将其命名为“右眼”，用【钢笔工具】勾出右侧镜框内部的形状作为右眼并填充路径，填充颜色的【R】、【G】、【B】值均为255，绘制完成的效果如图8-10所示。这样小鸡的眼睛就画完了。

图 8-10

11 新建一个图层，将其命名为“音乐”，用【钢笔工具】画出音乐符号的形状并填充路径，填充颜色的【R】、【G】、【B】值分别为233、118和37，如图8-11所示。

12 新建一个图层，将其命名为“文字”，使用【横排文字工具】添加文字，将字体设置为方正喵呜体，字号设置为24点，字体颜色的【R】、【G】、【B】值分别为233、118和37，效果如图8-12所示。

13 小鸡的基本轮廓已绘制完成。选择【文件】→【存储】，将【文件名】改为“小鸡”，【格式】设置为PSD，单击【保存】即可保存文件。

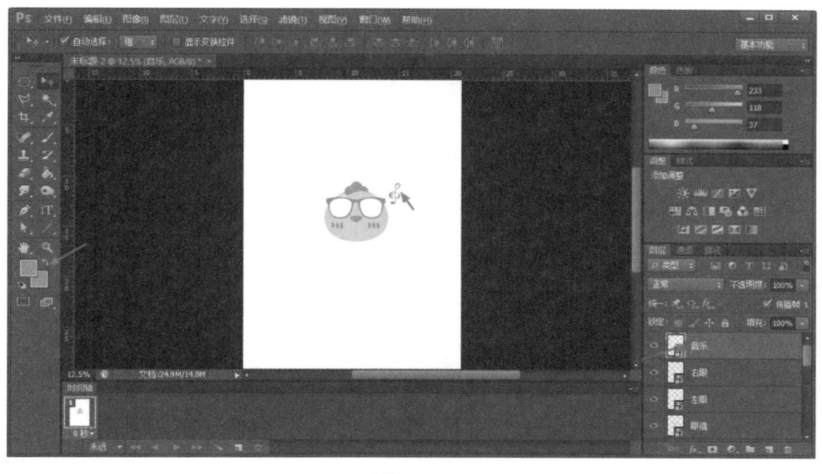

图8-11

图8-12

8.1.2 绘制“亲亲”表情

01 按8.1.1小节中01~05步的方法打开PS并新建文件，画出小鸡脑袋的大致外形，画完的效果如图8-13所示。

图8-13

02 新建一个图层，将其命名为“右眼”，用【钢笔工具】画出小鸡闭着的眼睛的形状并描边，描边颜色的【R】、【G】、【B】值均为0，如图8-14所示。

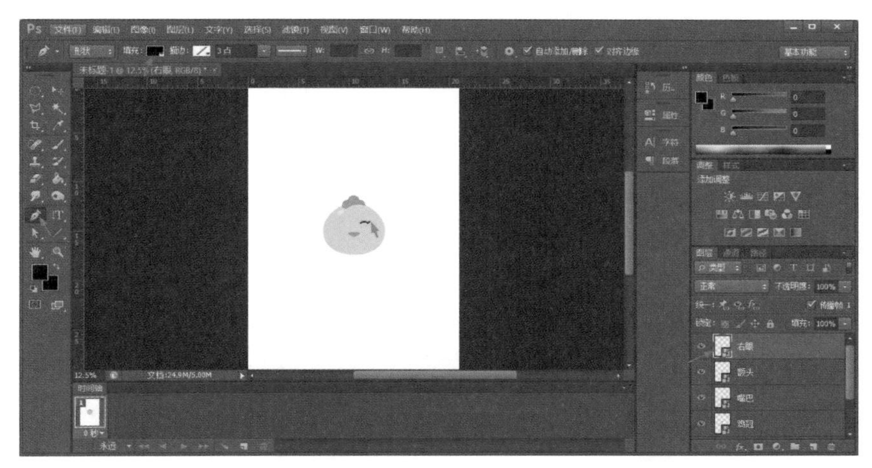

图8-14

03 新建一个图层，将其命名为“大眼”，用【椭圆选框工具】画出小鸡睁开的眼睛的形状，并用【油漆桶工具】为其填充颜色，填充颜色的【R】、【G】、【B】值均为0，如图8-15所示。

04 接下来画小鸡眼中的高光。首先，新建一个图层，将其命名为“二眼”，使用【椭圆选框工具】画出小鸡睁开的眼睛中较大高光的形状，并用【油漆桶工具】为其填充颜色，填充颜色的【R】、【G】、【B】值均为255，如图8-16所示。

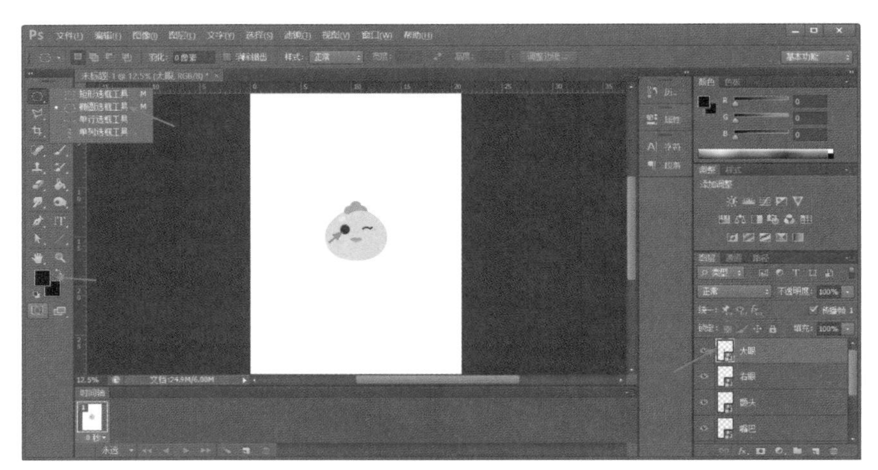

图 8-15

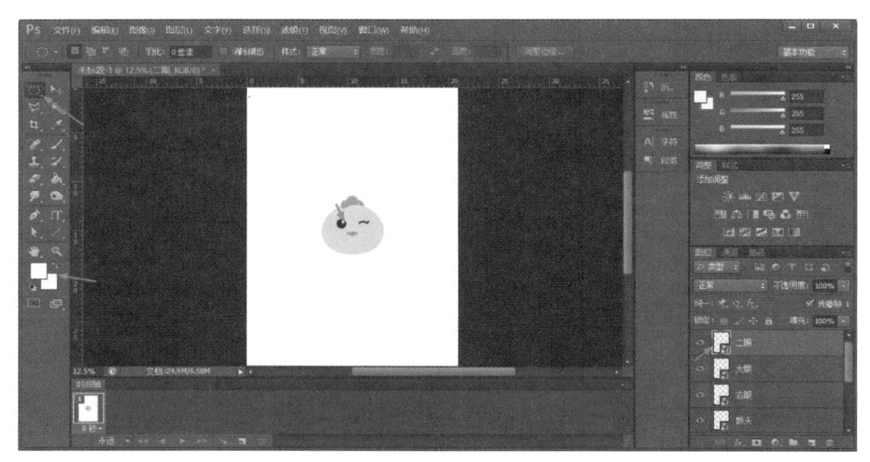

图 8-16

05 继续新建一个图层，将其命名为“小眼”，使用【椭圆选框工具】画出小鸡睁开的眼睛中较小高光的形状，并用【油漆桶工具】为其填充颜色，填充颜色的【R】、【G】、【B】值均为255，如图8-17所示。这样小鸡睁开的眼睛就画完了。

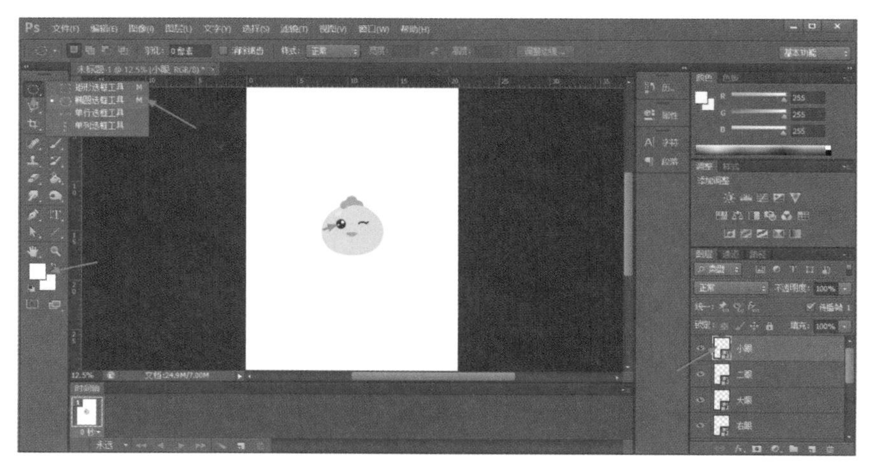

图 8-17

06 新建一个图层，将其命名为“心”，用【钢笔工具】在小鸡的嘴边画出一颗心的形状并填充路径，填充颜色的【R】、【G】、【B】值分别为195、13和35，如图8-18所示。

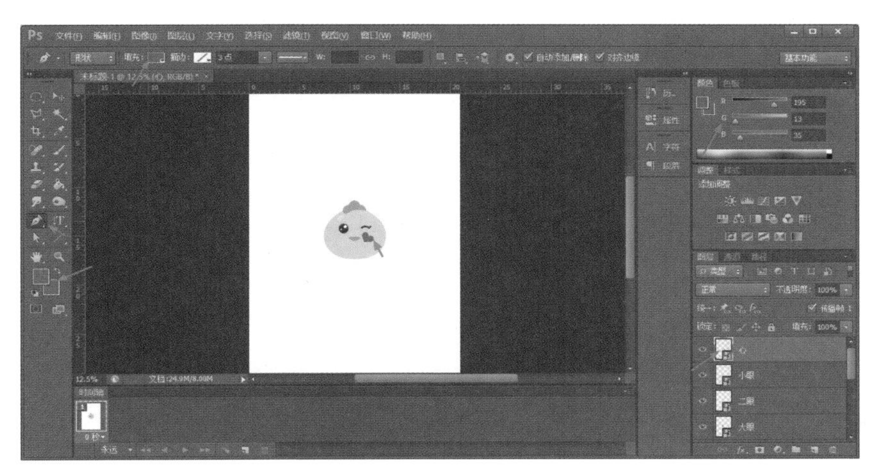

图8-18

07 “亲亲”表情绘制完成。选择【文件】→【存储】，将【文件名】改为“小鸡亲亲”，【格式】设置为PSD，单击【保存】即可保存文件。

8.1.3 绘制“睡觉”表情

01 按8.1.1小节中01~05步的方法打开PS并新建文件，画出小鸡脑袋的大致外形，画完的效果如图8-19所示。

图8-19

02 接下来画小鸡的眼睛。首先，新建一个图层，将其命名为“左眼”，用【钢笔工具】画出小鸡的眼睛并描边路径，描边颜色的【R】、【G】、【B】值均为0，如图8-20所示。

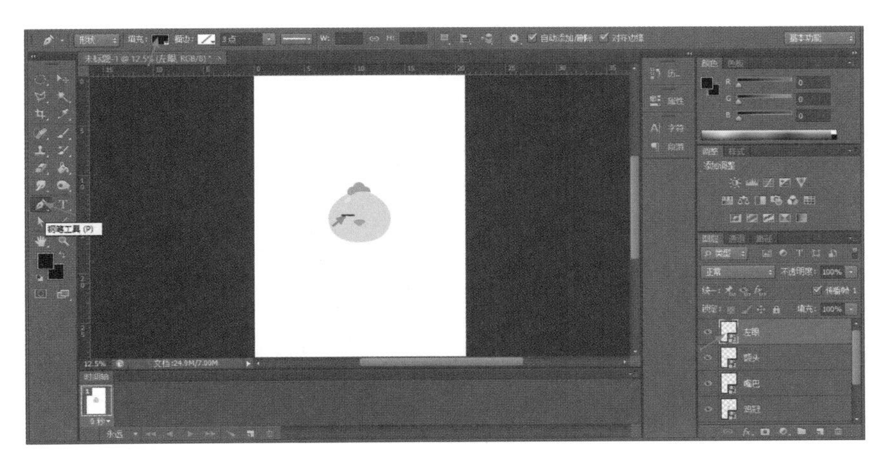

图8-20

03 对“左眼”图层进行复制、粘贴，得到1个副本图层，将其命名为“右眼”。调整“右眼”图层上眼睛图形的位置，如图8-21所示。这样小鸡的眼睛就画完了。

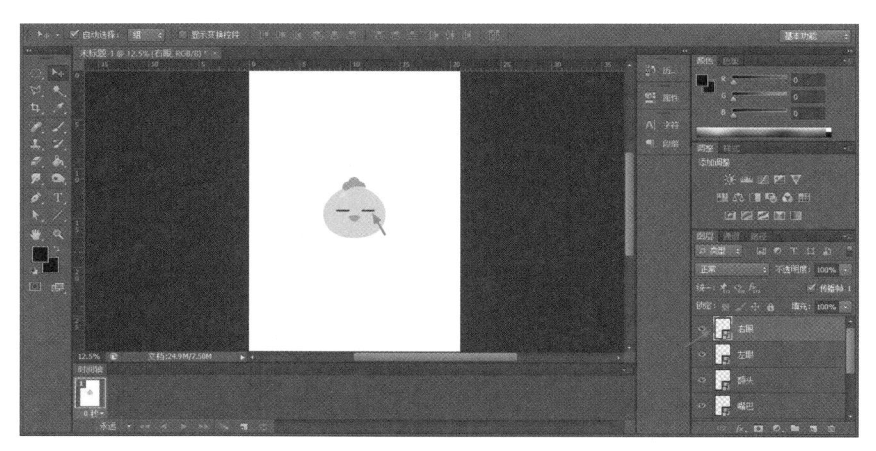

图8-21

04 新建一个图层，将其命名为“1z”，在合适的位置用【横排文字工具】输入字母“z”，如图8-22所示。

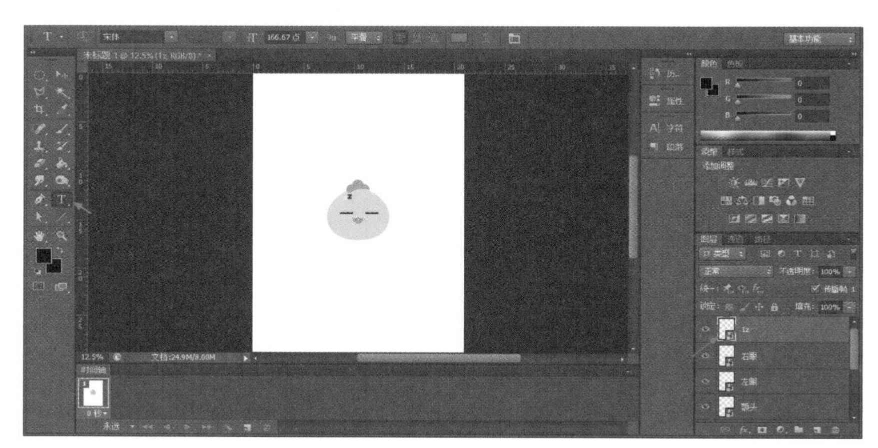

图8-22

05 新建一个图层，将其命名为“2z”，在合适的位置用【横排文字工具】输入字母“z”，调整字母的字号，令其比“1z”图层中字母的字号大一些，如图8-23所示。

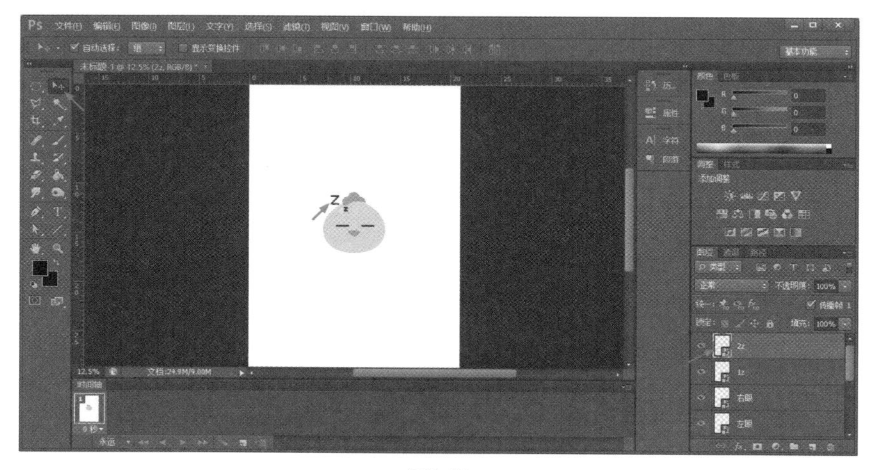

图8-23

06 新建一个图层，将其命名为“3z”，在合适的位置用【横排文字工具】输入字母“z”，调整字母的字号，令其比“2z”图层中字母的字号大一些，如图8-24所示。

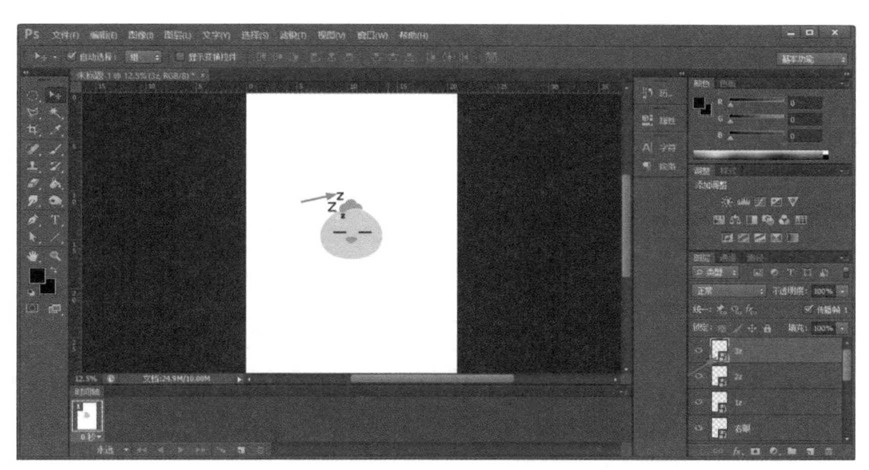

图8-24

07 “睡觉”表情绘制完成。选择【文件】→【存储】，将【文件名】改为“小鸡睡觉”，【格式】设置为PSD，单击【保存】即可保存文件。

8.2 制作“小鸡”动态表情包

在8.2节中，主要使用在PS的时间轴中依次关闭可视图层这一方法来制作表情动画。在制作动画的过程中，应经常使用预览功能观看动画效果，直至得到满意的动画效果。

8.2.1 制作“亲亲”动态表情

01 打开PS，选择【文件】→【打开】，打开在8.1.2小节中制作好的“小鸡亲亲”PSD文件，并将【背景】图层删除，效果如图8-25所示。

图8-25

02 选择【窗口】→【时间轴】，在出现的【时间轴】界面中单击【创建帧动画】，如图8-26所示。

图 8-26

03 此时【时间轴】中出现第1帧，一共需要5帧，所以还需要新建4帧。单击【时间轴】面板右上角的图标，选择【新建帧】，如图8-27所示，这样就能新建1帧，新建4次即可。

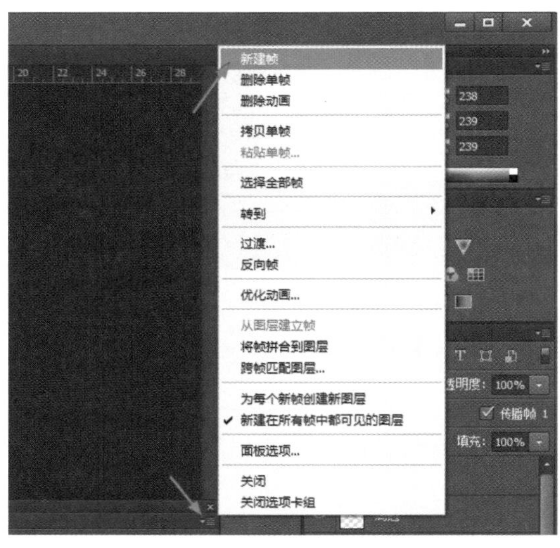

图 8-27

04 选中第1帧，将“心”图层复制，粘贴3次得到3个副本图层，分别命名为“心2”“心3”和“心4”，并将这3个图层隐藏。选中第2帧，隐藏“心”图层，显示“心2”图层，选中并调整心图形的大小和位置，再将“心2”图层的【不透明度】改为80%，效果如图8-28所示。

05 选中第3帧，仅显示“心3”图层，选中并调整心图形的大小和位置，再将“心3”图层的【不透明度】改为50%，效果如图8-29所示。

图 8-28

图 8-29

06 选中第4帧，仅显示“心4”图层，选中并调整心图形的大小和位置，再将“心4”图层的【不透明度】改为20%，效果如图8-30所示。

07 选中第5帧，藏隐“心”“心2”“心3”和“心4”图层，效果如图8-31所示。

图 8-30

图 8-31

08 将【循环选项】设置为【永远】，并将每帧的持续时间设置为0.2秒。

09 选择【文件】→【存储为Web所用格式】，将宽度【W】设置为500像素，高度会自动调整。单击【存储】，小鸡“亲亲”动态表情制作完成。

8.2.2 制作“睡觉”动态表情

01 打开PS，选择【文件】→【打开】，打开在8.1.3小节中制作好的“小鸡睡觉”PSD文件，并将【背景】图层删除，效果如图8-32所示。

02 选择【窗口】→【时间轴】，在出现的【时间轴】界面中单击【创建帧动画】，如图8-33所示。

图 8-32

图 8-33

03 此时【时间轴】中出现第1帧，一共需要3帧，所有还需要新建2帧。单击【时间轴】面板右上角的图标，选择【新建帧】，如图8-34所示，这样就能新建1帧，新建2次即可。

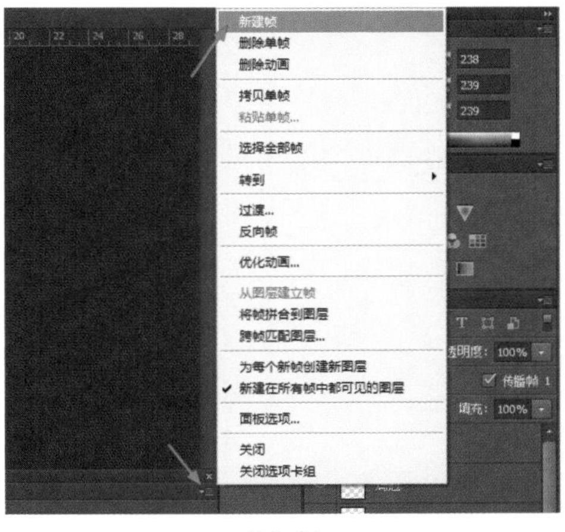

图 8-34

04 选中第1帧，隐藏“2z”图层和“3z”图层，如图8-35所示。

图 8-35

05 选中第2帧，隐藏“3z”图层，如图8-36所示。

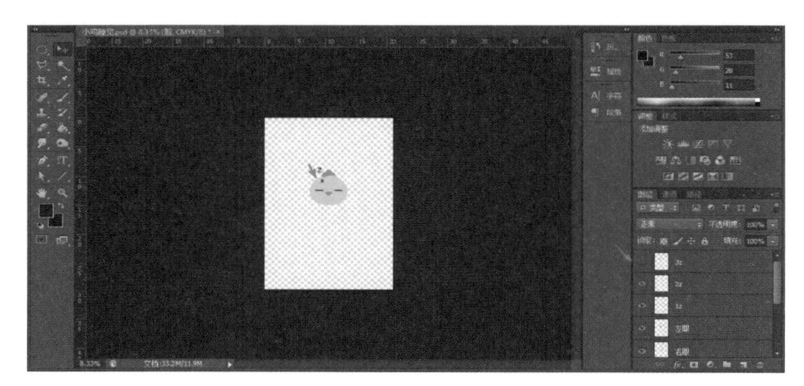

图 8-36

06 将【循环选项】设置为【永远】，并将每帧的持续时间设置为0.2秒，如图8-37所示。

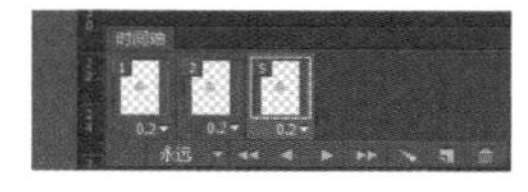

图 8-37

07 选择【文件】→【存储为Web所用格式】，将宽度【W】设置为500像素，高度会自动调整。单击【存储】，小鸡“睡觉”动态表情制作完成。